悩んでも迷っても道はひとつ

マリ共和国の女性たちと共に生きた自立活動三〇年の軌跡

村上一枝
カラ西アフリカ農村自立協力会代表
日本歯科大学名誉博士

小学館

マリ共和国の村の人々と村上一枝・カラ=西アフリカ農村自立協力会の活動

▲ボランティアとして2年間を過ごしたマディナ村にて。前列中央が著者。
◀電気も水道もないが、円形の土レンガのかわいい家で快適に暮らす。

◀サハラ砂漠の南端の村でトゥアレグ人の女性たちに裁縫を教える。

◀井戸の掘削で水を確保できると美しい染め物製作が盛んになった。

水は命
すべての活動につながる水の効用

▲井戸の設置
遠くまで水をくみに行く負担が減り、
きれいな水の供給により
衛生・食生活・収入面などが
改善される。

▲▶野菜園
野菜栽培により
村人に栄養を補給し、
野菜販売の道を拓く。

◀子どもたちに
腸内寄生虫駆除薬を
投与する著者。

▲▶植林
子どもたちが木を植え育てることに
関心を持つよう、「自分の苗木」の育成を
任せる小学校での活動。

◀衛生の普及
絵と口頭で説明する野外教室での衛生指導。

▼女性健康普及員を養成し、各村で衛生指導を行う。

▼乳幼児の3か月ごとの発育状況検査を実施。

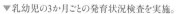

◀識字教室
識字教師を育成し、
識字教室を開設。
大人も子どもも、
現地の言葉と算数を学ぶ。

▶女性の自立
女性のための適正技術を
指導し縫製品等を製作する
女性活動センターを開設。
村の女性たちに
運営を任せ、見守る著者。

◀赤ちゃんを背負う長方形の布
バムナ等に刺繍を施し販売する。

▶カリテの油（シアバター）で
作る石けんはマリの特産品。

悩んでも迷っても道はひとつ

マリ共和国の女性たちと共に生きた自立活動三〇年の軌跡

はじめに

一九八九年八月三一日、小児歯科の開業医を辞し、その後の生きる方向を転換した。四八歳の時、ようやく準備が整い、スタートを切った。

西アフリカのマリ共和国の田舎で、村の人々の自立への取り組みを日々支援することに没頭して、気が付いたら三〇年以上の年月が過ぎていた。その間、マリと日本の往復は五〇回を超えるだろう。まさに私は支援オタクだったのかもしれない。

観光旅行で初めて訪れたマリの村で人々の生活を目にし、子どもの病気が多いことをガイドから聞くたびに胸を衝かれた。幼い子どもたちがいとも簡単に死んでいく。ちょっとした衛生管理や栄養補完で子どもを死なさずに済むこともできると思ったが、それらに人々は気付かないまま生活しているのである。

その時、偶然、他国の人たちが医療支援をする姿を見たことがあり、「私にもできるかもしれない」と思いあがった気持ちから支援活動の世界に入った。

小児科医ではないが、今まで臨床で得た知識を活用して子どもの命を守る何らかの手助けができるのではないかと考えた。

「健康に生きる」ことは、貧富を問わずすべての人間が平等に持つ当然の権利である。マリの人たちは教育を受ける機会に恵まれないことから、その権利を手放さざるを得ない状況にあった。厳しい現実をいくらかでも軽減し改善しようと、現地でのボランティア活動を経て一九九三年に設立したNGO「カラ＝西アフリカ農村自立協力会」を立ち上げ、マリの人々、特に女性たちと共に歩いてきた。

この間、思いもよらないことが次々と起きた。開発途上国ゆえの不条理に怒りを覚えることも多かったが、くじけない精神で問題と向き合ってきた。「マリに来た理由」を自分に問いただし、一途《いちず》に本質を貫いた。考えるより行動。泣き笑いの積み重ねであった。

ところが二〇一七年以降、マリはイスラム過激派組織によるテロや襲撃事案が多発し、カラの活動も支援地域の前線から撤退せざるを得なくなった。二〇二二年には首都バマコ以外の全土において、日本外務省の海外危険情報最高度のレベル四（退避勧告）に、バマコがレベル三（渡航中止勧告）へ危険レベルが引き上げられている。八三歳の今、もどかしさが募る思いで東京をベースに支援活動を続けている。

未知の世界で未知の仕事に取り組む。それは、海外ボランティアや支援活動に限られたことではない。誰の人生にも未知の扉はあり、扉を開いて新しい環境へ一歩を踏み出すきっかけがきっとあるはずだ。そして私と同じように、慣習の壁や人間関係、資金の工面に迷い、悩むことだってあるだろう。今では私の貴重な財産となった三〇年超に及ぶ体験を記すことで、皆さんが人生に迷う時、そっと背中を押す一助になれば幸せである。

カラの主な活動地域

- バブグ村
- オーロンコトバ村
- ブラジェ村
- コニナ村
- モバ村
- シラコローラ村

等88村以上

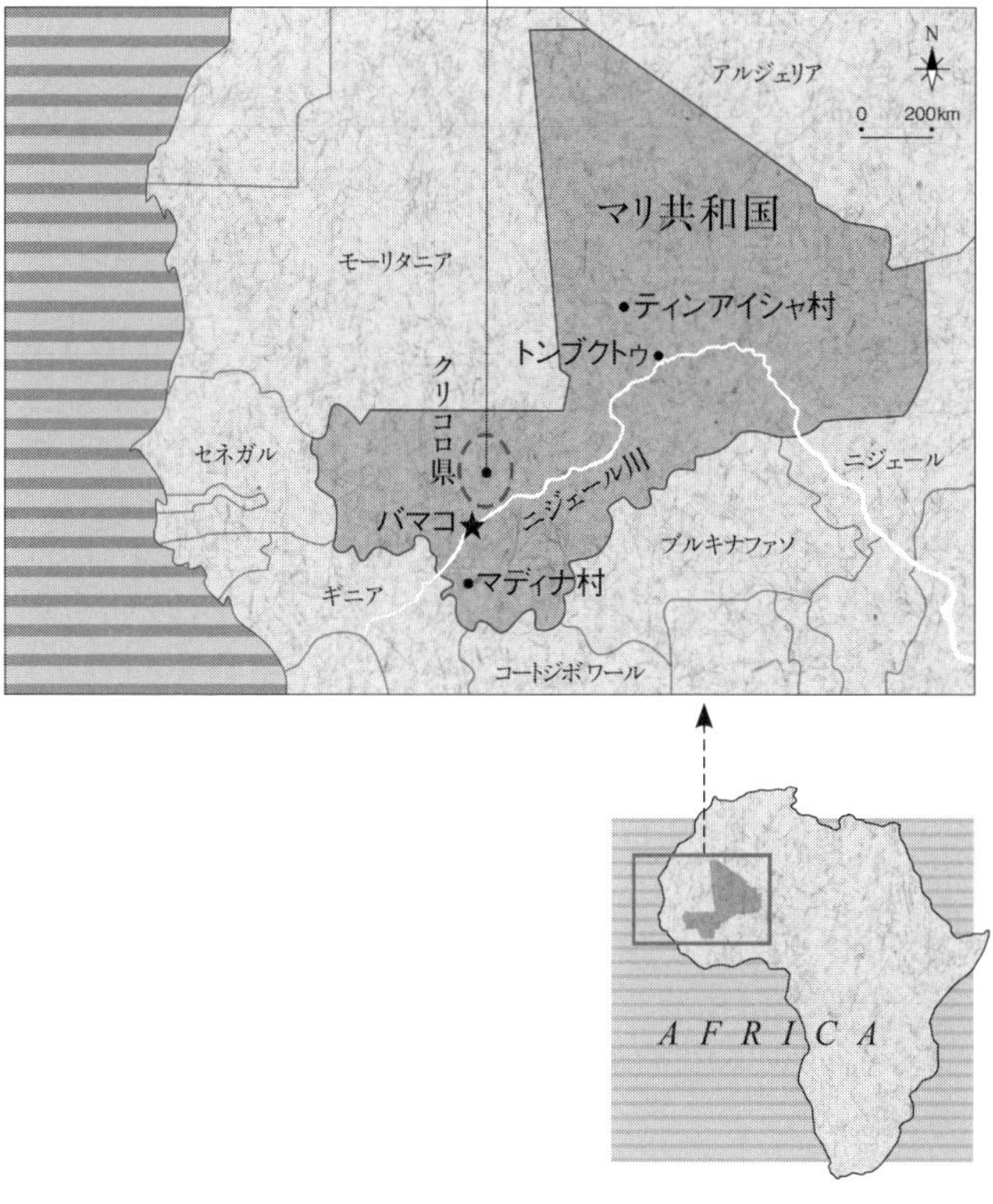

もくじ

第四章　考えるより行動、時々泣き笑い

装画●小池アミイゴ
写真提供●カラ西アフリカ農村自立協力会
ブックデザイン●大久保裕文＋村上知子（ベター・デイズ）

第一章

生き方を変える
ゼロからの
スタート

開業医を辞めて、なぜマリに

時々、人に聞かれることがある。

「なぜ、開業医を辞めて無給のボランティアになったの？」

半ばあきれたような感じで質問される。そんな時、「なぜそんなことを聞くの」と逆に聞きたくなる。他人から見ると無謀に思えるのかもしれない。自分では考えたこともなかったが、四八歳、ゼロからのスタートは今思うと、かなり大胆で、やはり大きな決断だった。三〇余年続けた活動の軌跡を思えば、八三歳になった今はとてもできることではない。やはり若かったなと自分を懐かしく思う。

決断の理由を今一度振り返ってみた。

いろいろなことが思い当たる。子どもの頃、本で読んだアルベルト・シュバイツァー博士のアフリカでの奉仕事業に心を打たれ、憧れていた。また、私が歯科医師を目指したきっかけでもある歯科開業医だった父が、地元、岩手県宮古市の山間部で無医村を回り無料診療をしていた話が心に残っていたこともあるだろう。

しかし何といっても、西アフリカのマリの旅先で目にした、巡り合わせとしかいいようのない経験がすべての始まりだった。

初めてマリを旅したのは一九八六年。ガンビアやセネガル、コートジボワールを回った後だった。当時はエイズ（後天性免疫不全症候群）が急激な増加を見せた時代だ。

マリの首都のバマコでは、路上にゴロゴロと人が寝ていた。目だけ大きく、やせ細った幼い子どもを抱きかかえた母親が路上で通る人に手を差し出している。目の見えない大人を引き連れた子どもが何かを言いながら物乞いをしていた。すべて私がそれまでにまったく見たことのない光景であった。バマコには大きな病院が二か所にあるというが、病院に行く時は死ぬ時であり、病院で死ぬことは家族にとって自慢できることだと聞かされた。

バスでバマコから地方へ旅した時にガイドに聞いた。

「村の人たちは病気になったらどうするの。ドクターはいるの？　薬は買えるの？」

「医者も看護師もいないよ。薬を売っている店もないし、買う金もないから」と言う。

「じゃあ、どうするの？」

「祈禱師《きとうし》に頼るか、薬草だね。まあ死ぬのを待つのかな」とサラリと言う。

「子どもが五歳前に死んでしまうのは神様が連れて行くのだから仕方がないよ。だからマリでは子どもをたくさん産むんだよ」と当然であるかのように説明した。

そして「昨日元気で飛び回っていた子どもが、夜になってマラリアで死んでしまうことも多いよ」と言う。これらは、初めて聞く言葉であり、ショックだった。

バスはものすごいガタガタの坂道を長時間かけて上り、世界遺産のバンディアガラの断崖でドゴン人が居住するサンガ村に着いた。人だかりの中にユニセフの大型自動車が見えた。

「何をしているの?」と聞くと、「今日は予防接種の日で町から人が来ている」と言う。その時、このマリでも医療活動は行われていることを知り少し安心した。しかもこんな不便な場所で。ふと、もしかしたら私でもその気になれば、途上国で医療の手助けができるのではないか。少しでも子どもの命を守ることができるのではないか、と考えた。

この経験がその後、ボランティアとして生きることを決める大きなきっかけになった。

旅から帰国した後も、マリの現実は強く私の心に残っていた。わずかな医療の支えや衛生管理の知識で子どもの命を救えると思うと、じっとしていられない衝動に駆られた。しかし、開業医の立場では、すぐ行動に移すことは難しかった。旅から戻れば、小児歯科の医師として、日々の仕事が待っていた。

ある時、とある学会に参加した。レセプションの席で若い医師が杯を高々と上げてこう言った。

「世界の子どもを助けることはできないが、日本の子どもは助けよう」

その時、湧き起こってきた強い違和感が今も忘れられない。

「私のような歯科医がひとり日本にいなくても、何ら問題はない」

その思いが、行動を起こす大きな原動力になったように思う。

日本では誰もが字を読める。計算もできる。多くの知識を持っている。けれど知らないこともたくさんある。知らない、というのは知ろうとしないからである。片や、アフリカでは日本のように知識が普及しているわけではない。教える人がそもそも少ないのだ。知識があれば病気や貧困状態を多少なりとも回避できるはずである。そのような国で仕事をするほうが有意義ではないか。アフリカを旅してから、私はその思いに憑《つ》かれていた。

開発途上国に行ったからといって、誰もが行動に移すわけではない。私自身、以前に東南アジアや中東の途上国へ行った時は、マリと似たようなことを感じても旅行者の枠を出ることはなかった。しかし、人生の転機は突然やってきた。私を突き動かす大きな力がマリでは働いたとしかいいようがない。そして、強く感じた思いを行動に移すほうが楽しいし、やりがいもあると自分を信じた。

ただ思っているだけでは、何もしないことと同じだ。診療が休みの時には日本のＮＧＯを訪ね歩くことから始め、数年間、情報を得ながら開業医を辞するチャンスを待った。

ひとりで生きるということ

いつかは開業医を辞めてアフリカへ行き、人々を助けることを私の人生における最終的な仕事としよう。家族のいない私には人生に残すものはない。必要とされるところに必要なことを残そう。そう思うようになった。人生には学び、修業をし、生活を築く時代があり、人生の後半にはこれまで得たことをフィードバックしていく時期があるのだと思っていた。私にとって、まさにその時がきたのではないかと考えていた。

マリでのボランティア活動が決まるまでの数年で、私の考えは確固たるものになってい
った。単身でマリへ渡ることに何の躊躇《ちゅうちょ》もなかった。

ひとりで生きることが性に合っている。そう気付いたのは高校生の時だ。

私は小学生の時、結核に罹《かか》り、四年生になってからはまともに学校へ行けなかった。安静を強いられ、運動をすることも遠足に行くこともできない。がまん強い子ども時代を過ごした。回復の兆しも見えたが、中学では入院を余儀なくされ一年休学した。好きなだけ出かけたい、友だちと遊びたい、学校で勉強がしたい。何より、自分の思うようにやりたいことをしたい。自分の意志に反して、すべてが親掛かり、医師掛かりで過ごす日々は、子ども心には感謝よりも忸怩《じくじ》たる思いのほうが強かったと思う。ようやく休学しての療養が功を奏し、岩手県立盛岡第二高等学校に入ってからは寛解、人並みの生活ができるようになった。ついに自分自身で将来が決められる入口に立ったのである。そして、日本歯科大学へ進学した。

そもそも人や企業に仕えることは性格的に向いていないと感じていた。自分が思い描くやりたいことについて、人からとやかく言われたり、指示や強制されたりすることなく、

自分の責任で実現していきたい。それが私の考える「ひとりで生きる」ということだった。

私の時代は、女学校を卒業したら見合いなどで結婚することが当たり前だった。しかし、歯科医師を目指したこともあり、家庭に入ることははなから選択肢になかった。その後、歯科医師になって結婚をしたが、子どもには恵まれなかった。そして思いもよらない未来が待っていた。勤務中に、腹部にとてつもない激痛が走った。病院で検査した結果、結核性子宮内膜炎と診断され、しかも卵巣嚢腫《のうしゅ》も発症していた。これは、私が結核に感染した年齢がちょうど大人の臓器が形成される時期と重なり、子宮や卵巣に結核菌が癒着していたからだ。三八歳の時であった。子宮全摘出と右卵巣摘出をする以外に選択肢はなかった。命には代えられない。六時間に及ぶ手術だった。そして、回復後は歯科医として忙しく働くことが日々の楽しみとなった。

やがて離婚をした私は、四二歳で小児歯科の診療所を開業した。どんな状況にあっても、私の人生。子どもを産むことはできないが、子どもを助けることならできる。前を向いて歩いて行こうと強く思った。この時はまだアフリカともボランティアともまったく無縁の人生だった。

しかし、私がずっと考えていた「ひとりで生きる」ということは、その後のマリでの毎日だったのだと今ならわかる。

チャンスは待たない、作るもの

マリでのボランティア活動を始める扉を開くには、いくつかのハードルを越えなければならなかった。

マリで腰を据えてボランティアをするには、観光ヴィザでなく長期滞在ヴィザが必要だ。そのため、まずはどこかの団体に入らなければならない。診療が休みの時は、医療を活動項目に入れているNGOを訪ね歩き、マリでのボランティア参加を申し込む。条件が合わないと断られ、また次の団体を探す。ある団体では「国境なき歯科医師団」を作れば、などとも言われた。そんな日々が二年間続いた。

もはやチャンスがくるのを待つのではなく、チャンスを作ることに気持ちを入れ替えた。体が健康であるうちに夢を実現する、と決意したのである。自己資金が貯《た》まってからではマリ行きが更に遅くなる。「ナントカナルサ」と行動が最優先であり、その先にきっと新しいことが待っていると信じた。決心したら嬉々《きき》としてマリへ行くことしか頭になく、自分の歯科診療所を後輩に譲り渡す準備も始めた。

いろいろなNGOを訪ねるうち、活動地がマリで医療支援も行うという私の希望を満たしているNGOにたどり着いた。日本人が組織する砂漠化防止に向けた植林活動が主体である。しかし、ボランティアスタッフとして参加することについて了解をもらうまでには時間がかかり、約一年後、ようやくマリへの渡航が決まった。後で聞くところによると、団体側は乗り気でなかったようだ。おそらく私が開業医であることに不信感を持ったのであろう。ある日の集まりでは「マリに行っても、儲《もう》けることはできないのよ」とあからさまに言う人もいた。「ボランティアだからボチボチでいいんじゃないの、無理することないよ」とも言われた。

私は、それは違うと思う。ボランティアも職業の一種である。責任も義務もあるから、ボランティアという名に甘えてはいけない。利を求めない無償の仕事を好んで行うのであるから、多少の犠牲は当然背負っても不思議はないことだと思っている。

ボランティアだから、すべての経費は自分持ちだ。それでいい。愛車を売って片道の渡航費に充てた。現地に行き、医療活動ができるだけで大満足であった。いよいよ、その時がきたと思った。

一九八九年八月三一日、開業医を辞めた。同年九月にサハラ砂漠が国土の七割を占めるマリへ旅立った。母には唯一彼女が知るアフリカの国、ケニアへ行くと言い、友には何も告げなかった。そして、これから始まる生活に自分なりの覚悟を決め、収入ゼロで蓄えを使い崩しての新人生が始まった。

転んでもただでは起きぬ

マリで最初に活動したのは、サハラ砂漠の南端、いわゆるサヘル地帯といわれる地域のティンアイシャ村であった。バマコにある連絡事務所の現地責任者、コーディネーター、NGO支援者と私の四人は、バマコの空港から約一時間三〇分のフライトで砂の街、トンブクトゥへ着いた。

トンブクトゥは大昔、交易の街だった。サウジアラビアへは金を、サウジアラビアからは香辛料などが運ばれていた。空港から街へ入る道路には、砂の侵入を防ぐための背の低い木が道の両脇に植えられているが、砂が道路に広がっているのを見ると、あまり効果がないようだ。いつかここも砂漠になるのかもしれない。その日は、トンブクトゥにある事務所に一泊して、翌日、活動最前線のティンアイシャ村へ入った。トンブクトゥとティンアイシャ村は約一三〇キロ離れていて、車で砂丘を越えていった。出迎えてくれたのは四人の日本の男性スタッフで、農業技術者を中心としたチームだった。

ティンアイシャ村は、水道も電気も、公共の交通機関もない地域で、診療所もない。畑がないから自給の食料もなく、毎土曜日に開かれる市に商人が運んでくる食料を買って食べる生活が始まった。砂丘と、星空の美しい世界は安らかな気持ちを与えてくれるが、日中の気温が五〇度を超える日がある一方、サハラの冬はかなり寒く、日が落ちると焚火《たきび》が必要になる。厳しい自然環境の中での生活に耐える日々であった。

私の一日の作業は早朝の水くみから始まる。これは、村の人たちが水をくみ始めると水が汚れるのでその前に、という意向だった。この理由も問題があると思ったが、何も言わず従った。日中は、苗木ポット作りや大きく育った樹木の伐採法を教わり、苗床の土作りのためにロバの糞拾《ふん》いも行った。夕方になると次の日の作業に使うため、ドラム缶いっぱいの水をまた井戸にくみに行った。そして、夕飯の準備にとりかかる。特に電気のない場所なので、明るいうちに米を研がないと米に交じっている虫を見逃すことがあった。

慰めとなったのは、月の出の遅い晩、砂丘を越えた村から聞こえてくる「早く月が出るように」と子どもたちが歌う声だった。バケツの底を叩《たた》いてリズムをとり、即興の唄を歌い踊っている。日本の秋祭りの宵のようだった。澄んだ空気を通してわれわれのキャンプ地まで届く子どもたちの歌声は、赤い焚火と共に懐かしく思い出される。

ティンアイシャ村の小学校へは時々ユニセフが食料援助をしていた。小学校には給水用のポンプもあったが、砂嵐が起きて故障をきたした後は修理されていないようだった。

私が参加したNGOは、医療支援もしていると聞いていたが、実際は違っていた。主体事業の植林分野の専門家と団体の生え抜きの人たちが前面で活動し、私を含めボランティアとの間には意識的な違いを感じた。

私のマリ行きがなかなか承諾されなかったのは、こういうことだったのか。私が希望する医療分野はかえって団体にとって迷惑なのかもしれない。すべて自費でのボランティア参加なので、団体側もはっきりとは断れなかったのだろう。

それでも自分がこの場所に希望して来たのであるから、意に沿わないことがあろうとも自分の将来を考えて、植林についても多くを知ろうと思った。招かれざるボランティアの私は疎まれながらもお構いなしに言われたことを実行していった。

ティンアイシャ村の植林プロジェクトに関わる現地の村人は、わずか三、四人にすぎず、働いているのは常にＮＧＯの日本人技術者だった。この団体に所属して学んだ最大のことは、ＮＧＯとしての在り方だった。つまり誰が誰に行う支援事業であるかということである。

砂漠の暑い気候の中で、アフリカ人のために身を粉にして働く日本人スタッフの姿は確かに美しく健気《けなげ》であるかもしれない。しかし見ていると、私の目には支援という名の下に行われる日本人のための事業のように映った。この村は将来日本人スタッフが去ったらどうなるのか。植えた木は残るであろうが、薪《まき》用に切ったらまた植えるのだろうか。いろいろな疑問が湧いた。

そして、支援とは支援側が「してあげるものなのか？」と疑問に感じた。これもひとつの支援であろうが、私はそれで終わるような支援ではありたくないと強く思った。

私が考える支援事業は、緊急時に支援するような一時的なものではなく、活動の対象となっている人たちが健康で幸せな生活を自立して構築するように促すことだ。できるだけ外部からの支援に頼らずに、自ら努力することが最重要前提だと思っている。なぜなら、われわれの支援は永久に続くわけではなく、終わりがある。温暖化が進み、自然環境が悪化し、農作物の収穫量が減少する状況でも、彼らは生きていかなければならないのである。

私が支援の現場で「もっと生活しやすい場所に引っ越せば？」と言うと、彼らは、「ここは私が生まれた場所だから、離れることはしない」と答える。支援の対象とされる人たちの生活習慣や意識の違いや地理的な問題があるとしても、それに見合った支援の方法がきっとあるのではないかと考えた。

この時の経験から、ボランティア団体をうまく統括して、住民に有効で納得するような成果を残し、それが将来へ続くようにするにはどのようにすればよいか、人との付き合い方や人の動かし方などを学ぶことができた。また、地域の人のために行う活動だから、もっとその地域の人たちを巻き込み、将来の指導者を村で育てる必要があることを実感した。だからその後カラを立ち上げた時は、日本人スタッフは最小限にしてマリ人技術者をスタッフとして生かし、彼らが指導者になり、その下で村の青年たちをアシスタントに付けるようにした。村の人たちが自分の力で生活ができるようにならなければ意味がない。支援の方法の真の姿、つまり本質が見えたのである。

その土地で生まれ、生きること

サハラ砂漠の村での日々を思い出す時、必ず心に思い浮かぶ光景がある。生まれた土地でひたむきに生きる少年たちの姿だ。

ティンアイシャ村から東へ二〇キロ先にあるズエラ村でのことだ。村の女性たちが植林と野菜栽培をしたいと言うが、慣習として村の女性は直接男性と話をしない。指導するのが男性スタッフではコミュニケーションが取れないから、と私の出番となった。

村では村長の家に居候をして、毎日、私の世話係のこの家の少年と砂丘を越えて約三〇分歩き、野菜園へ通った。この家はトイレがないので砂丘の窪《くぼ》みで用を足した。ある夜、トイレのために小高い砂丘を越えようとした時、何ともいえない幻想的な美しい光景と、月夜に響き渡る音に出合った。それは、流れる光のように響いてきた。まさに夜空に話しかけるような不思議な節回しの曲であった。砂丘の上から見ると、遠方二か所で大かがり火が焚《た》かれ、その周囲に集まっている人たちの発する声であった。

唄とは違い、魂の叫びのようであり絶え間なく続いている。目を凝らしてよく見ると大きなかがり火を囲んでいるのは少年たちで、幾重にもなって座り、歌うように、そして語るような節回しで大声を張り上げていたのはコーランの一節だった。屋外の宗教学校、イスラム教のコーランを教える屋根も柱も黒板もない教室だった。

教師が中心になって少年たちにコーランを教えていた。少年たちは、ボーイソプラノで暗誦《あんしょう》する。メロディーのように聞こえる半音階の音の流れは何とも優雅であった。

星空の下のコーランは聞く者の感情を更に高めていった。闇の中に黒く象《かたど》られた砂丘と、月の光が作り出す自然の美しさとは別に、少年たちが一心不乱に学ぶ声がそのまま一幅の絵画のようでもあり、その光景に心を打たれた。

ひたむきな姿は印象的であったが、純粋な心を持った少年たちがこのようにしてコーランを学び、イスラム教徒として生きていくことを知った。村には学校がないから、教育はコーランを学ぶことだけなのであろう。少年のなかにはイスラム教の精神が根強く育まれていき、一生の支えになるのであろうと思う一方、なぜか畏怖にも似た気持ちを覚えたのも事実であった。

最初のステップ

日本人が組織するNGOでの活動は、一部のスタッフへの反感もあり、結局一一か月で辞し、バマコへ戻った。ティンアイシャ村での経験だけでは十分ではないと思い、現地の人が現地の人のために活動するNGOを探した。運良くマリ人が組織するコマカン協会と出合い、ボランティアとして二年間の契約を結んだ。このNGOが医療関連のスタッフを探していたのも都合がよかった。

すぐに活動場所のマディナ村へ単身出発した。マディナ村へはバスを乗り継ぎ、その途中で舗装道路が終わり、ガタガタ道を他の乗客と肩をぶつけるようにバスに揺られてたどり着いた。マリの南西に隣接するギニアとの国境近くの村である。

このバスの旅では私が東洋人なのが珍しいのか、乗客がいろいろ説明してくれる。私はすべてに興味津々であった。原野に点在する大小の芸術的な蟻塚《ありづか》、病気で発作を起こして路上に寝転んでいるという青年、一基の井戸の周りに集まりおしゃべりに興じている女性たち、地面に直接広げて干す洗濯物……。ほとんど医療機関など目にしない。学校も見当たらない。車窓から見たり、感じたりすることがすべて、その後の支援活動のテーマになると考えていた。

コマカン協会は、一九八八年に干ばつの被害から人々を守るために、マディナ村の人々によって組織されたNGOで、その資金はカナダにあるオックスファムという団体から助成されていた。これによって、食料確保のために大きな貯水池を造成して、野菜栽培と牧畜事業を始めたばかりであった。私は、マディナ村の人たちが自力で食料難を逃れようと頑張っている姿に意気込みを感じた。

コマカン協会から私専用の住宅、といっても円形の土レンガのかわいい家を与えられた。

宿舎での照明は、懐中電灯よりもローソクを好んで使っていた。ローソクの匂いとゆらめく炎が好きだった。ある時は外のキッチンに出て、ローソクを灯《とも》した傍らでバマコから買ってきた赤ワインを飲み、翌日の仕事について考えることもあった。

村に住み、村人と同様の生活をしていくうち、私が支援できることを探す目的で、全家庭調査を行うことにした。村の人たちの健康状態や衛生環境、生活状況を知るための調査である。家族の疾患や出稼ぎなどの状況を尋ね、台所や家の周りも見せてもらった。人々の農作業の時間帯に配慮し、毎日早朝から調査を開始して午前中で終えるようにした。

家族と話すことで村の人たちと親しくなれるとも思った。どこの家庭でも大歓迎で、多くのことを話してくれた。それだけ訴えたいことや言いたいことがあり、救ってほしかったのだと思った。

調査時の村の人口は、一〇五〇人（六〇家族）で男性五一三人、女性五三七人。子ども数／五歳未満一六四人、五歳以上一二歳までが二六四人。平均年齢／二三・七歳（男性二一・八歳、女性二五・七歳）。疾病で一番多いのが風土病のマラリアで、他にオンコセルカ症という寄生虫による激しい搔痒《そうよう》と皮膚のただれが生じ、視覚障害に至る感染症、下痢や血便、肝臓を傷める住血吸虫症などが見られた。そして子どもの下痢や腹に虫がいると訴える母親が多かった。傷が治癒しないままの子どもも多かった。成人では腰痛や痔《じ》疾患を訴える人も多かった。

栄養不良状態の子どもが見当たらなかったのは、マディナ村は雨季には適度な降雨量があり、農作物の収穫にはさほどの苦労がなく、マンゴーの産地であることから推測できた。大家族の家長が「アレ、この子は誰だっけ?」「この子を忘れていた」などと言って大笑いになることもあった。何ともおおらかで楽しい調査であった。

バマコで知り合った職業訓練学校の教員をするフランス人のマリアニック・デュポンが、調査結果をマリの公用語であるフランス語に翻訳してくれた。学会や機関に提出するわけでもないが、仕事のけじめとして翻訳と共に記録としてまとめた。コマカン協会でのボランティアとはいえ、毎日の作業内容を時系列で記録して提出する義務もあった。

家々の調査中に衛生状況を見て気になったのは、トイレと体を洗う場所が土の壁で囲まれた同じところにあり、トイレの臭いが漂い便槽の穴には蓋《ふた》がないことだ。尿も体を洗った後の水も壁から外に流したままだ。「流れ出た先に穴を掘り、蓋をすればいいのに」と話したが、そのような家庭は一軒もなかった。

放し飼いの家畜の糞が至る所に落ちたままになっている地面を素足で子どもたちが走り回るので、感染症も皮膚病も多いのは当然だ。子どもの病気予防や死亡率を減らすには、家庭内の環境、つまり親の意識や不潔な環境の改善を図ることが最初のステップであると考えた。

また、調査の結果、マディナ村から一番近いブグニ病院へ行くには定期バス等の交通手段がないこと、村に一般疾患のための診療所がなく、外傷も皮膚病も放置されたままになっていること、人々は近隣で薬を購入できないことなどがわかった。

二年間のマディナ村滞在中に可能である支援を考え、小学校低学年にあたる子どもの身長と体重の測定、母親への衛生知識の普及や腸内寄生虫駆除薬の投与、乳幼児の三か月ごとの健康検査を行うことにした。村には助産師が二名いたので、彼女たちと一緒に活動を行い、大いに助かった。

この頃私は、日本のことを懐かしく思うことも、日本食を恋しく思うこともなく、母に手紙を書くことすら忘れていた。まったく能天気な日々を過ごしていたのである。

瓢箪から駒

子どもの命を守るための病気予防と公衆衛生の知識普及は、まず母親たちを対象に始めた。トイレの使い方や排せつ後の手洗い、屋外では用を足さない、履物を履くといったことを子どもたちに教えるためである。

また、この地では、素手で食事をする習慣がある。そのために大きな器に水が張られて運ばれ、家長から順に手を洗う。したがって、子どもが洗う頃には既に水が汚れている。食後も同様であるから、この水を取り替えて使うことと、できるだけスプーンを使うよう促した。マラリア予防や蛇に咬《か》まれない注意など、日常生活で必要な事項をセメント袋の裏にイラスト入りで描いて教材を作った。

しかし、母親たちはこれらについて「そう、知ってる」とはにかむばかりで、正直言って手応えがなかった。それよりも、私がはいていた自作のパンツに興味津々で、「ムラカミ　カ　クルシ　アカイン（村上のパンツはいいわね）」と声をかけてくれたことから「縫い方を教えましょうか」と始まったのが、地面にゴザを敷いて皆が車座になって裁縫をする野外教室だった。

　まずは基本的な手縫いから始め、ある母親の希望があり赤ちゃんの衣服の縫い方を教えた。できあがった衣服を見て、コマカン協会のマディナ村のコーディネーター、ジャカリジャが「えっ、ムラカミ、これは柔道着だ。俺も欲しい」と言い出した。アフリカの赤ちゃんがどんなものを着るのか知らないままに、日本式のものを作ってしまい大失敗であった。

　ギニア街道沿いにゴザを敷いて始めた野外裁縫教室は宣伝効果抜群で、ギニア行きのバスが通るたびに乗客たちが窓から顔を出して眺めていた。マディナ村の女性たちの良い宣伝になったのだろう。村ではこの教室の評判を聞いて、村の集会場を女性センターとして使用することを許可してくれた。その後、村の男性一名が顧問となり、集会場は正式に「マディナ村女性活動センター」となった。

　一週間に五日の活動を基本として、私はほぼ毎日朝九時から夕方、薄暗くなるまで指導に当たった。裁縫と刺繍《ししゅう》、編み物から始まり、子どもの衣服や女性用のアフリカ式衣服の縫製の仕方を教えた。裁縫教室には多くの女性が集まり、「女性のための適正技術（以下、女性適正技術）」の指導は活気を呈していった。それが、村の女性たちと親しくなるきっかけでもあった。

休日にはバマコへ出かけ、布地やその他の必要な材料、ミシンも二台購入しセンターに備えた。すべての費用は私が賄った。

いろいろな種類の縫い方をマスターした女性たちは、やがて頼まれた衣服の縫製代金や、子ども用衣服や刺繍した製品の販売で収入を得るようになった。通常、村の女性たちの収入は、主食のトウジンビエの粉で作ったパンケーキや栽培したピーナツなど豆の販売、そして毎日使う調味料の小商いなどだ。しかし、農作物は年間の降雨量に左右され、一定した収入を得るのは非常に困難なため、他の方法で収入を得られることに、女性たちは大張り切りであった。畑の行き帰りに歩きながら刺繍や編み物をする女性もいて熱心だった。

中には、誤魔化しや嘘《うそ》を言って作業を怠けようとする女性がいたが、私だけでなく皆が声を揃えて非難し、時には副村長が謝りに来て、「ムラカミ、日本に帰らないで女たちに教えてくれ」と懇願された。

バムナ（赤ちゃんを背負う長方形の布）や子どものパンツや衣服、刺繍した小物など女性たちが製作したものはすべてマディナ村女性活動センターの製品として販売した。この売上金はセンターの資金となり、材料を購入することができるようになった。売れた製品を作った女性には、一製品に付き五〇～三〇〇西アフリカセーファーフラン（＊約一〇～六〇円）の手間賃を与え、残りは事業継続のための資金として蓄えた。

こうして村の女性たちと親しく付き合うために始めた裁縫教室は、女性に収入の道を拓《ひら》く喜ばしい発展を遂げた。まさかアフリカで裁縫の指導をするとは思わなかったが、自分の趣味を生かした結果、村の女性たちが技術を得て収入につなげることができるのなら、本当に嬉《うれ》しいことだと思った。意図したことではなく、結果の賜物《たまもの》。瓢簞《ひょうたん》から駒である。

村の女性たちは好奇心も向上心も旺盛であり、コミュニケーションがスムーズになってからは、公衆衛生や識字教室など他の事案もうまく進められるようになった。

余談ではあるが、裁縫が趣味になったのは歯科大学を卒業してからだ。「浴衣くらい縫えなくてどうするの！」と母に叩き込まれたのだが、自分の着るものなどを作ることが大好きになり、今でも編み物をする。歯科医になるための勉強にひたすら時間を費やした先で始めた裁縫が、まさかマリで役に立つことになろうとは思いもよらなかった。しかし考えてみれば、目的を達成する上で論理的に計画を立て施策する理系の思考と、裁縫や編み物などのもの作りには共通点があるように思う。マリへ出発する時、抗生物質など薬剤と一緒に針道具を持っていったのだが、どれも役に立ったことは感慨深い。

（＊一西アフリカセーファー〈ＣＦＡ〉フランは一九九四年当時の約〇・二円で換算。以下同）

二年の期間にできること

村が希望するマディナ村診療所の開設を決心した。コマカン協会との契約終了前に診療所を建設し、看護師と新たにひとりの助産師を育成するのである。

ただ、医療事業はコマカン協会の事業の範疇《はんちゅう》には含まれていない。予算もないので、資金を日本側から出すことにした。一九九二年九月に、私のマリでの支援活動に賛同する日本の友人知人が「マリ共和国保健医療を支援する会」（「カラ＝西アフリカ農村自立協力会」の前身）を立ち上げ、寄付金を募ってくれた。

また、偶然、マリの薪炭の調査に来た三人の日本人が、マディナ村での私の事業に興味を持ち、村を視察した。診療所の建設費用の工面が困難であることを知ると、多額の寄付をしてくれた。非常にありがたく感謝に堪えなかった。

診療所開設に向け、まずは村の人たちと五日間毎晩話し合い、一年後に診療所を開設する計画を立てた。最初の仕事は、診療所に常勤する看護師（農村地域では医師に代わる存在）を育成するため、村から男性ひとりを選んでブグニ病院へ看護師研修に派遣することだ。

未来の看護師になる青年の人選は村の人たちが行う。直接私の元に「うちの息子を」と親が訪ねて来ることもあったが、そのような申し出は一切断り、誰が見ても了解できる青年を村全体で話し合って決めた。この青年は、非常に真面目で小学校卒業の学歴があり、西の隣国セネガルへの出稼ぎで覚えたフランス語も上手だからマディナ村では尊敬されていた。これが看護師候補として選ばれた理由だ。

一二月、いよいよ業者がバマコから来て建設が始まった。しかし開始間もなく建設資材が村へ届かない事態が続いた。一二月は南の隣国コートジボワールでカカオの出荷が盛んなので、トラックがその輸送に出払い、マリに建材を運べないという。

考えられない事態が一か月以上続いたが、翌年二月、待望のマディナ村診療所が無事に開設された。日本からの資金でひとつの事業が達成できた喜びと共に、この事業には多くの日本の人々の思いが込められていることを改めて感じ、日本で資金集めに献身してくれた友人に感謝の気持ちでいっぱいだった。

マディナ村診療所の運営管理は村の委員会が行うことになった。この診療所は、マリ特有の医療システムであるバマコ・イニシアティブに従っている。このシステムは、住民が主体となって診療所を開設し運営管理も行うものである。住民は、家族単位で診療所の会員となり、一〇〇〇セーファーフラン（約二〇〇円）の年会費を支払うと、家族は割引料金で受診できる。村の診療所自主管理委員会に運営管理が委ねられており、まさに住民参加型の、地域の人たちの力が支える診療所である。

マディナ村診療所が華々しく開設した結果、村を出て他国へ移住していた人が村に戻り、数年後には、村の人口が一〇五〇人から一五〇〇人超に増加した。その後、マディナ村診療所はこの郡の中心の診療所へと発展している。

他には、小学校を復興させた。小学校の復興は、やがて中学校の開設に至り、日本外務省の無償資金協力で二度も教室を増設したのであった。

身をもって共感する意味

今、あのマディナ村での二年間を振り返ると、初めてのことに一喜一憂しながらも日々の活動を夢中でこなし、楽しみも多かった。そして、道具の少ない中でも不便さを感じない生活であった。体を洗う水は仕事へ出かける前にバケツに溜《た》めておくと、帰宅した時には、程よく温まっていてそれを使った。髪を洗ってもブルブルと頭を振り回せばすぐに乾いてしまう。かなり野性的であるが無駄のない合理的な生活であったと思っている。

マディナ村で初めてマラリアを発症した時は、「ムラカミがスマヤ（マラリア）だ」と騒がれ、コーディネーターのジャカリジャのバイクで二七キロ近いデコボコ道を、黒雲が垂れ込め今にも雨が降り出しそうな中、揺られた。しかもバイクは途中で調子が悪くなり、止まって修理をした。その間、道端にしゃがみこんで、割れるような頭痛をジーッと我慢しながら修理が終わるのをただ待っていた。

後で聞いたが、その時病院まで連れて行ってくれたジャカリジャもマラリアに罹っていたという。ブグニ町の病院に着き、診察してもらい、「正真正銘マラリアです」とドクターに言われた。薬をもらって、村人の親戚宅で少し休ませてもらった。頭痛が治まったので、既に暗くなっていた道を再びガタガタとバイクに揺られてマディナ村へ戻った。

発熱やひどい頭痛は二日間ほどで快方に向かった。私のマラリア罹患《りかん》は村中に伝わり、料理上手な奥さんたちから食事の差し入れがあった。鍋いっぱいの真っ白いトウモロコシのお粥《かゆ》は少々苦手な味でのどを通らず、申し訳なく思いながら贅沢《ぜいたく》品の砂糖をたくさん入れて食べた。

その後、何回かマラリアに罹り、アフリカの人たちの苦しみを痛感した。薬を飲めば治る病気であるから何の心配もしなかったが、やはり数日間はつらい日々であった。雨季の農作業の大事な時期にマラリアが多発するので、つらい思いをしながら農作業をする村人を思うと、マラリア予防対策は確固たるものにする必要があった。

もちろん、マディナ村滞在中、気に入らないことも腹を立てることも多かったが、悩みも苦しみも、痛いとか不味《まず》いといった感覚も、私と村の人たちとは同じであった。国や人種が違っても、彼らの苦しみを自分のことのように感じることができるようになったのだとしみじみ思った。

カラ＝西アフリカ農村自立協力会を立ち上げる

今まで誰もやらなかったことをやる。すぐ行動に移す。私はそういう気質が強いと思う。小児歯科開業医を始めた時もそうであった。私の時代では、小児歯科という専門は新しいことだった。特に開業医の間では、「小児歯科だけでは経営が成り立たないだろう」という風潮が強く、いろいろ言われたものである。「でも、小児科があるのに小児歯科がないのはおかしい」と言って迷わず始めた。

何か新しいこと、新しいアイデアを実践しようとすると叩かれるのが日本の常と思っていた。なぜ自分たちの常識で決めつけるのか。世の中の物差しが絶対ではないはずである。性格的な面もあると思うが、いつも「叩かれてもくじけない」精神で向き合ってきた。

母方の祖父は地方自治の仕事に長く尽力した進取の気性の持ち主で、私はこの祖父に似ているとよく言われた。祖父は今から一〇〇年以上も昔、岩手の田舎からアメリカ合衆国シアトルへ留学した人である。七年間の滞在の後に、生家で長男が病死したため次男の祖父は帰国を余儀なくされ、地方自治の仕事に就いたという。この祖父譲りなのか私は大胆に突き進む傾向が強い。マリへ単身渡ったことも、これまでに例のない支援団体「カラ＝西アフリカ農村自立協力会」（以下カラ）を立ち上げた時も進取果敢に取り組んだ。

団体に所属して支援活動をしている方は世界中にたくさんいらっしゃる。でも、既存の支援の枠を外してゼロから活動を始めたことは自分らしいとつくづく思う。ボランティアとしてふたつの団体に所属した三年間の修業を終え、いよいよ夢の実現へのスタートラインに立ったのである。

この仕事に就くきっかけとなったのは、アフリカ旅行で知った子どもの疾病の多さであり、それを改善したいとの強い思いであった。しかし、実際、現地に来てみると、日本で考えていたことだけでは何の役にも、手助けにもならないと気が付いた。子どもの健康は親が管理する。そのためには何が必要か。支援活動は単純なものではなかった。

温暖化が進み、年間降雨量の減少で農作物が不作であり、収穫量の減少は収入の減少をきたす。そのような事態になると、家計を助けるために出稼ぎ者が増える。これを最小限に留《とど》め、できるだけ外からの支援に頼らないで、住民が健康で未来への希望を持てる自立した生活を構築できるようにすることをカラの活動目的にした。

具体的には、井戸の掘削をはじめとした水資源の確保、保健衛生知識普及と病気予防、教育の普及、生活改善、環境保全、女性の所得の向上などを基本的な活動項目とした。いわゆる生きるために必要な事項であるから、ひとつとして省くことはできないと思った。このような多岐にわたる活動を同時進行的に行うため、カラはあまり類を見ない団体だと思う。

私が目指すのは、緊急時のみに支援するような一時的なものではない。砂漠化と疾病、貧困に苦しむ西アフリカの農村地域において、住民と共に暮らし、彼らが自ら作り上げていく自立した生活への支援だ。そういう結論に行き着いた。常に主体は地域の住民であり、支援する側はその補助的な存在でいい。物を与え、お金を与える団体であってはいけない。自らが考え作り出すように仕向けることが重要である。そうでなければ、われわれがいなくなったら何も残らないではないか。

私はカラを立ち上げるステップへ進む前に、日本に数か月、一時帰国をした。その間、私の友人有志がマディナ村診療所建設をきっかけに組織した「マリ共和国保健医療を支援する会」の団体名を、「カラ＝西アフリカ農村自立協力会」と改名した。私たちの支援は「現地の人々が貧困から脱出し健康で幸せな生活を送るため、自立する気持ちが必須条件」であることがわかるよう、団体の名称に「自立」という言葉を入れたかった。

会の正式名称である「カラ＝西アフリカ農村自立協力会」をフランス語訳すると、ASSOCIATION POUR LA COOPERATION ET L'AUTOGESTION RURALE EN AFRIQUE DE L'OUESTである。そこから数個の頭文字を使って通称ＣＡＲＡ（カラ）と決めた。

また、マリで事業を始めるには絶対的にマリ人の知恵や手助けが必要だ。コマカン協会の事務局長であるシェキ・ティジャン・ジャワラ氏にカラの渉外担当と、私の日本帰国時には代表代行をしてもらうようお願いした。ジャワラ氏から快く了解をもらい、百人力を得た気持ちであった。というのも、カラのマリ事務局として一軒家を借り、電話の契約から銀行口座の開設、郵便局の私書箱を開設し、二四時間体制で警護に当たる警備員二名の雇用といった手続きをすべてジャワラ氏が行ってくれたのである。手続きは公用語のフランス語だから、ジャワラ氏の尽力のおかげで早く確実に行うことができた。

新事務局はバマコ市内で、有事の場合には街中の橋を渡らないですぐ空港に行ける場所を選んだ。理由は、一九九一年に発生した学生たちを主体とする反政府運動の暴動に、私も数日間巻き込まれた経験があったからだ。暴動は、クーデターが起きる機運が頂点に達した頃、市内の大型商店や政府高官の邸宅が焼き討ちに遭い、市民の日常生活が危険にさらされるまでになった。。私は滞在していた宿舎に隠れ、いつ終わるとも知れない恐怖を味わった。

ジャワラ氏は、マリ国内での外国籍NGOとしての活動許可をマリ政府内務省から得る申請書を作成し、提出まで滞りなく行ってくれた。私は申請書の内容が知りたくて仏英辞書を片手に理解に努めたが、自分で作成していたら何倍も時間がかかったことであろう。順調に事務所としての形が整えられていくことに感謝し、大満足だった。

申請書提出から数か月を経て、カラは一九九四年三月にマリでの支援活動の許可を正式にもらった。

第二章

成果が見えると人は動く

モットーを徹底する

支援は同情的な一時の感情で始めるものではない。支援する側の責任があるのだから、きちんとした体制が整っていなければ着手してはいけないのである。

カラは、支援事業の対象村を探すにあたり、これまで支援の入っていない村、公共施設のない村を念頭に置いた。そして、カラの事務所のある首都バマコからあまり遠くない二〇〇キロ前後の距離の村を候補地として探して回った。視察した中に、畑も見当たらず学校や診療所などはまったくなく、故障した井戸が修理されないままの貧しい村が多くあった。バマコからさほど離れていないにもかかわらず、街道から一本入るとこのような村ばかりであった。そうした村こそ支援が必要だろうと思ったが、自家用車を持っていないわれわれのような団体には活動が無理であると思い、諦めた。

結果、カラが初めて支援活動をする村に、バマコから約二〇〇キロ北東に位置するドゥンバ郡のバブグ村を選んだ。人口六五〇人のバンバラ人が住むこのバブグ村は、村長が言うには、一〇〇年間枯れない井戸があり、それに支えられて人々が住んでいる、ということであった。井戸は大きな手掘りで、村の中央にどんと存在している。村長にわれわれの団体の紹介をし、村に来た目的を話し、支援が必要か否かを考えてもらった。村長は村民会議を開いた。われわれは、その夜は村長の好意で村に泊まった。翌日、「支援してもらうことに決めた」と連絡があった。この村での活動の許可を得たのである。

しかし、誕生したばかりの団体では資金が乏しく、ほとんどは私費を投じた。何についてもお金が必要であり、たとえ村のためとはいえ無償の労働奉仕を呼びかけても人々の協力は得られなかった。振り返ると、三〇年に及ぶ村民自立のための支援事業は、ひたすら資金の獲得と事業の進行に気を配り、更に日本人と意識の異なるアフリカ人スタッフに気を遣う日々でもあった。

バブグ村に現地事務所を立ち上げ、私を含めてスタッフ四人が村に住み着いた。育成していた助産師と農業・識字教師の男性をマディナ村からリクルートし、更に日本から農業技師の女性をひとり雇用した。村ではわれわれに土レンガの宿舎を建設してくれた。

バブグ村へ引っ越して何日も経《た》たないうちに、バブグ村に日本の支援団体が住み着いたとの噂が周囲の村へ伝わり、隣のクーラ郡のオーロンコトバ村から若者代表の訪問を受けた。電話もない地域でこのように噂が急ピッチで広がることに驚いた。どこの村も同じように苦労していると思うと断ることもできず、最終的に彼らの要請を受け入れた。バブグ村があるドゥンバ郡とクーラ郡に属する村、計五七村まで活動を広げることになったのである。

マリでの支援事業を始めるにあたって強く思ったのは、マリにいるマリ人の技術者に、指導的な立場になって働いてもらうことだ。日本人である私は事業の統括とコーディネートを担当する。アフリカ人の心はアフリカ人のほうがよく理解できる。何より現地の言葉で技術指導ができることは大きい。そして、最も大切なのは村の指導者を育てることである。村長に頼んで五人の若者をリクルートしてもらいカラのアシスタントスタッフにした。その中のひとりがかろうじて文字が書けたが、他の四人は文字の読み書きができなかった。それでもかまわない。優先すべきはやる気と自立する未来だ。

カラは村の人々が要求することをそのまま与える団体ではない。すべて村の人の力で作り上げることが原則で、それを手伝う団体であることを折に触れて力説した。そして、日本から資機材を持ち込まず、すべてマリにあるものを使い、マリの技術で行うこととした。

ババグ村では、種々の支援事業を開始した。井戸を掘り、美しい畑が造成され、並木が造られていった。小学校がないので日本の寺子屋のような識字教室を建設し、村人はバンバラ語の読み書きと算数を学んだ。マラリア予防活動もババグ村から始めた。これらすべての支援事業は、村の人たちの慣習的行事や農業のサイクルに合わせて順次行っていった。

ババグ村の一ヘクタールの野菜園から野菜が生産されると、噂を聞いた近隣の村から買いに来るようになり、トウジンビエと野菜を交換する人もいた。中には五〇キロ先の村からもやってきた。このような賑《にぎ》わいから、それまでまったく交通機関がなかった村に、一週間に二回、バマコから定期バスが運行され、乗客も運転手もたくさんの野菜を買い、バマコで販売するまでになった。想定以上の成果であった。

成果が見えると、宣伝をしなくても広がるものである。近隣の村から自分たちも野菜園をやりたいとカラの事務所を訪ねて来るようになった。

私は、日々人々の喜ぶ様を見て、支援の在り方を知り、どんなことが重要であるかを改めて実感していった。

たとえば村で野菜栽培を始めるとする。そういう時、日本人は「収穫した作物はどうやって売るんだ」「いくらで売るんだ」と先のことを気にしすぎる傾向があるように思う。でも、そんなことは何の問題でもない。野菜ができれば、宣伝がなくても近隣から売ってほしいと人がやってくる。販路も値段も村の人たちが決める。それで十分であり、支援する側が考えなくていい。彼らは自分たちで考え、実行に移していく。頼もしい限りである。

お金が入る方法を知ると更に活気づく。チャンスを与えれば持ち前のたくましさで、自然と自立につながっていくに違いない。過保護的な気遣いよりも相手に任せ、見守る姿勢が良い結果につながる。人間関係全般においてもいえることではないだろうか。

場当たり作戦

支援に限らずいえることは他にもある。達成計画を立てても、進めるうちに目標のために必要なこと、予想していなかったことが同時に出てくることがある。そういう時、私は優先順位を付けるのではなく、同時進行でやってみる。問題が起きれば起きるほどファイトが湧く。場当たりの、でもその時考えられる最善と信じて、まず行動を起こすのである。

場当たり作戦ともいえよう。当然起こるかもしれないリスクがあるとしたら、自分が負担する覚悟で施策を講じた。

マディナ村の時と同様に、バブグ村でも全家庭調査を行った。その結果から、バブグ村も、同じ地域のシラマンブグー村や他の村もインフラの整備が必要であると感じた。まず、水の供給である。しかし、カラは組織したばかりで事業の経験がまったくないため、事業資金を多数の団体に申請しても助成を得られるかは疑問だ。たとえ助成を得ることができても何か月先になるかわからない。そもそもスタッフを既に雇用しているので、彼らの給料などカラの運営維持だけでも費用がかかる。事業に使える活動資金が得られるまでは、あまり費用のかからないところから始めざるを得なかった。

村人からの要望は、マラリア罹患者が多いため「薬が欲しい」が圧倒的多数で、次いで「子どもが病気になった時に診療所がなくて困る」、女性は「畑が欲しい」と訴えていた。バブグ村は、雨季には道路が決壊して村が孤立してしまうので、そんな時に、もし子どもが病気に罹ったら簡単に命を失うことが想像できた。何とかしなくてはと逸《はや》る気持ちを抑えきれなかった。

調査では、第一子出産年齢と子どもの数、出産回数や流産の有無、新生児の生存と死亡について、女性一〇四人（平均年齢三八・七歳）に聞き取りを行った。その結果、第一子を出産する年齢は平均約一六歳で、出産回数は平均七回、最多は一三回。戦前の日本の状況に近かった。一、二歳頃まで生存した子どもは、生まれた子どもの四三パーセント。生まれてから五歳になる前に死亡した子どもは、子ども全体の五七パーセントに当たる。この数字には非常に驚き、何とかしなければと痛切に感じた。

バブグ村に診療所ができれば近郊の村にとっても望ましい。正しい知識を持った看護師や助産師が常勤することは、出産時の妊婦のトラブルや、時として発生する妊婦の死亡を防ぎ、新生児の死亡率も下げることができる。どれだけの人の命を支えることができるだろうと、期待が膨らむばかりだった。早速、産院・診療所の開設とマラリア予防を立案して、実現へ向けて進めることにした。

マラリア予防に関して懐かしい思い出がある。村で医療事業を実施するには、郡唯一の医療担当者の許可が必要だ。バブグ村からロバ車と馭者《ぎょしゃ》を雇い、男性マリ人スタッフと二〇キロ先の村に雨の中、出かけた。トコトコと泥道をうつむきながら歩くロバの健気さに感謝する思いであった。村に着いたが医療担当者は不在だったので、行き先を奥さんに聞いてまたその先を訪ねた。泥道を五〇キロ訪ね回り、やっと許可を得ることができた。一三時間のロバの旅であった。

閑話休題、ようやくマラリア予防事業を始めた時、プル人の男性が「バンバラ人と同じ水を使えない。彼らは不潔だから」と文句を言ってきた。私は、「それじゃ、あなたたち専用の水を持って来なさい」と突っぱねた。結局同じ村に住んでいるから同じ井戸の水を使ったようだが、民族間にある意識の違いを知ることも重要であると感じた。

マラリア予防は、マリの医師の指導により治療薬を減量して定期的に短期間投与する。そのためにはバマコで薬剤を購入すればいいが、診療所の開設はとても困難であった。村には助産師や看護師になるための学歴を持つ人材が結果的にいなかったのである。国の看護師養成機関は高等学校卒業資格が条件でフランス語が必須だった。しかしバブグ村の地域に小・中・高等学校がなく、卒業した人は皆無であった。

実はその条件を聞かされておらず、村でも知らないままに看護師候補としてひとりの男性が選ばれ、一年間バマコの診療所での研修に派遣する手続きを始めていた。それが後になって、バマコの診療所側から「高等学校卒業資格がなければ研修を受け付けない。学歴が足りない」と言われてしまった。「行政で決まっていることだから」と先方は譲らない。先に聞いた時にはそのようなことは言っていなかった。

義務教育制度はあっても、各郡には小学校は二、三校、中学校は一、二校しか設置されず、ましてや高等学校は県に一校しかないのである。それなのになぜ、高等学校卒業が条件なのか、と非常に腹立たしく、抗議したが無駄であった。それでは病気になっても「放置しなさい」ということなのか。突き放された思いで悲しくなった。

高等学校を出なくても出稼ぎ先で覚えたフランス語のできる優秀な人材は村にもいる。高等学校卒業が条件とされたことにまったく納得できなかった。矛盾した話であると憤慨したが、諦めざるを得なかった。産院・診療所で働くのはその村出身の看護師や助産師でなければ継続できないと、私はかたくなに思っていた。ボランティア時代に、他の村の出身の看護師や助産師を雇って、いさかいが発生するのを経験したからである。このような事情で、産院・診療所の開設はお預けになった。

それならば、と水の供給用の井戸の掘削と、家畜除《よ》けの防護柵を張り巡らせた女性専用の一ヘクタールの野菜園造成を行った。野菜園の一角には子どものおやつ用に果樹の植栽をした。野菜生産に効果があるように防砂・防風林も造成した。

女性専用としたのはそれなりの意味がある。「もし男性も参加すれば販売用の換金野菜栽培が主になる。家族が食べる野菜も健康面で必要だ」と言うスタッフの意見を取り入れたからである。

村長の許可も得て土地を確保した。几帳面《きちょうめん》なマリ人農業技術スタッフの指導による適切な区画の使用法や栽培計画を見て、彼らの底力を感じ、それらを生かすことも私の仕事であると思っていた。きちんとできあがった野菜園は見事に美しく大いに満足した。農業技術者も森林技術者も訓練されたマリ人の専門家がいるので、彼らに働いてもらうほうが事業の成果を上げるには有効だった。

日本の助成団体に井戸掘削の助成金を申請した。助成金がおりるまで忍耐強く待つのである。今の状況から一歩でも進むための方法がきっとある。行き詰まってもくじけない、場当たり作戦のいいところである。

いずれは識字教室ではなく小学校や中学校を建設しよう。そして村出身の助産師や看護師を育成して産院・診療所を開設しよう。問題が発生しても時間がかかっても解決できるはずだ。「日常生活に絶対的に必要な事項の支援であるから」との思いが原動力となって、夢は広がっていった。

再挑戦の時はくる

バブグ村で諦めざるを得なかった産院・診療所の開設は、約二〇年後にかなうこととなった。

カラは、バブグ村を含めて周辺の村々にもやり残したことは多くあったが、村の人たちに自立の姿勢が多少見られた二〇〇〇年を機に村を去った。ひとつの村に長く滞在していると、周辺の村々が焼きもちを焼くとスタッフが言い出したことや、村の依存性が強まるのではないか、との思いもあった。

しかし、二〇一五年頃からバブグ村での支援事業を再開した。これはNGOの支援活動としては特異な例であったかもしれない。カラが次の支援地域である、より北方で自然環境の厳しいコニナ村に移り支援を始めると、住民たちの活発な活動により多くの成果を上げた。そのことがバブグ村にも伝わり、もう一度支援してもらえないかとの要請に至ったのである。

やっと気が付いて、やる気になったということだろう。支援側が活動を促すよりも、自発的に生じた要請であるほうが成果に結びつく。やはり目に見える成果や実際にお金が動くことは大きい。ここからが本格的なバブグ村の自立になると、私は気持ちを新たにした。

私自身、初期の頃はまだ手探り状態だった。それから的確な支援ができるくらいの経験を積んで、今こそ再挑戦の時がきたのだ。気持ちが昂《たかぶ》った。その一方で、バブグ村の強い依存性を危惧した。私は一歩も二歩も控えた状況で支援に関わり、スタッフのアワだけをバブグ村に常駐させることにしたのである。

そもそも、バブグ村から小学校を開設したいとの後追い要請があったのは、コニナ村で活動していた二〇〇七年頃だった。以前、村の長老たちは、学校は必要ないと言っていた。若者が教育を受けると働き口を外に求め、村を出て行ってしまうと懸念していたからだ。村長は何ごとも年功序列で若者の意見は聞かず、若者も年長者に遠慮していた。しかし、マリも時代の流れで村の体制が変わり、若い世代が表に出てくるようになると、教育は必要だとの声が大きくなり学校開設が求められたのだろう。

この時は、日本の無償資金協力で、村長が寄付した土地に小学校を建設した。バブグ村小学校には、近くの村の子どもも多く通学するようになった。

二〇〇七年に建設したバブグ村小学校で教育を受けた子どもたちの中から、二〇一四年、村の助産師が誕生したことで産院・診療所が開設された。ゆっくりと二〇年もの長い年月を有した発展であり、やっと村人の希望が達成されたのである。しかもカラがこの地域に開設した一一村の産院・診療所の中で、一、二位を争う収益を上げるまで成長を遂げている。村の委員会の運営管理によるものだ。

今では成果の循環が始まっている。まず、第一に私が感激したのは、村から女性の助産師が誕生したことが人々の心を動かし、「ムラカミがここからいなくなっても、勉強して文字が書ければきっと将来仕事に就ける」と言われるようになったことである。結果、就学女児が増え、成人女性の識字学習熱が高まった。彼らはちゃんと理解してくれていたのだ、と心に響いた。

次いで、医療の実態がＮＧＯの手から地域の郡の管轄に移ったことである。われわれは村の自立を確認し、活動から表面的に手を引いて村を離れたが、その後から郡長の協力が活発になった。「俺の村には未熟児はひとりもおらん！」とユニセフの未熟児調査に胸を張ったコニナ村長の話を聞いた時は、笑わざるを得なかった。

何しろ、それまで各村の産院が薬剤を購入するには七〇キロ先の町までバイクで往復しなくてはならず、雨季には大変な苦労であった。しかし郡がまとめて買い置くようになり、非常に便利になったのである。

また、各産院の運営管理は村の管理委員会によって行われていたのだが、収入を蓄え、ゆとりが生まれた産院は鉄筋の建物に改築を始めた。われわれが建設した時は資金的に厳しく最低ランクの資材を使い、スタッフの指導により村の人たちの手で建設したため、一〇年経つとシロアリの被害や風雨により外壁が崩れていたからだ。地域の人々が自信やプライドを持ち、自立していった証《あか》しである。感無量であった。

単に産院ができたことが成果なのではない。これにより村の環境や人々がどのように変わっていくか、そこまでが自立支援の成果だと私は考えている。すぐに目に見える成果でなくても、人々の心に刻み込まれた支援であれば、将来必要な時にきっと芽を出すであろう。実際、バブグ小学校の開設で他の村からも小中学校の建設要請があり、二か所の小学校と一校の中学校を建設したところ、この地域では、二〇一八年に女児の就学率が男児を上回るまでになったのである。

稼ぐ力の嬉しい効果

村の女性の収入確保のために「女性適正技術」は欠かせない事業へ成長した。マリに自生するカリテの油（シアバター）を原料とした石けん作り、染め物、衣服の縫製や小物の刺繡、編み物などを製品として販売するための技術指導と運営は、女性が自立するための手段の主力級といえよう。

最初は、アフリカの女性は刺繡や編み物など手先を使う仕事を好まないかもしれないと思っていた。しかし、私の予想は覆された。器用に作り上げ、何しろ非常に熱心であった。

女性こそお金が必要である。村の家庭は、夫が一家の畑で主食の穀物を作るがお金は渡さない。子どもの医療費、学費、被服費その他もろもろは妻の才覚で賄うしかない。妻たちには別の畑があり、ピーナツをまいたり他の豆をまいたり、収穫した作物を販売したごくわずかなお金を子どもや自分のために用立てる。つまり財産は夫婦別財布という文化である。

また、マリは男性社会かつ敬老社会で、女性は従順でいるものという考え方が根強い。マディナ村にいた時には、「女はブランケットと同じ」と言う男性もいたくらいだ。女性も、「太って子どもをたくさん産むのがいい女」という意識だった。夫に妻が四人いるのを対外的には自慢するような様子も見られた。カラの女性スタッフが常に言っていた。「アフリカの女の生き方は難しい」と。だから、村の女性たちに自立という概念があったわけではない。貧しい家庭生活をいくらかでも女性の力で改善する手段を知り、そのための技術を身に付けることが第一であると考えた。そして収入源を確保した先には、自然に「自立」という意識が生まれてくる。「夫に属さず頼らない。自分で働いて金を持ち家庭を支える」という意識へ女性たちを変えたかったのである。

やがて女性が野菜園や適正技術により多くの収入を得るようになると変化が訪れた。はにかむような表情に瞳の輝きが加わった。自信がついて堂々としてきたのである。一方、女性が稼ぐ力を持つのに伴い、男性が少しずつ女性の声を聞くように変わってきた。これは大きな変革だった。

たとえば二年間居たマディナ村では、最初は村の会合があっても女性の発言は一切なかったのが、村を引き揚げる頃にはマイクを持って発言する女性が増えていた。それはひとえに経済力からくる自信によるものであった。意見を持っている女性はたくさんいたのに、男性から常に頭を抑えられていた。それが、稼いだお金を夫に渡したり、貸したりするうちに夫も、「うちの女房はいい女房」と妻を大事にし、発言を認めるようになってきたのだ。まったく現金なものである。

更には、男性の家庭内暴力が減った。稼ぐ力の効果は嬉しく、家庭でも村でも女性の地位向上の手応えを感じた。家庭の中においてもお金の力は大きく侮れないものとつくづく思う。「貸したお金は絶対返してもらいなさい」とおせっかいに言ったけれど、女性たちは「ふふふ」と嬉しそうに受け流した。

さて、日本とアフリカでは自立観について興味深い違いがある。日本で自立というと、自分で事業を起こしたり企業の中でリーダーとして決定権を持ったりするなど社会的な位置づけや精神的な独立をより重視するが、アフリカでは収入を持ち経済活動ができることを「自立」とシンプルにとらえている。貧困という状況がベースにあるからだろう。しかし女性の社会進出についていえば、アフリカには女性の大統領をはじめ大臣や企業役員などリーダー的存在の人が既に多く、日本を上回っているようだ。

その一方で、男性に経済的依存をしなければ生活できない女性もわんさかいる。ことマリの農村において女性の自立は、結婚して、家族の中で自分も収入を得ることに尽きるのが現実である。

カラの事業資金

カラが、どのようにして事業資金を得てきたかについて、たびたび聞かれる。私は、ボランティア団体の活動資金は、基本的には団体の会員の年会費や寄付、そして助成金など自力で得た資金で活動するのがベストであると思う。しかし、現実にはそれだけで事業を進めることは非常に難しい。

ボランティアとはラテン語のＶｏｌｕｎｔāｓ＝自由意志を語源に持つことから、海外では特に、自主性を持って自発的に励む行為と認識されている。それに対し日本は、奉仕活動という言葉から、自発性よりも「善意を持って行う社会奉仕」という考え方が広がった。そのため、福祉分野や無償性という偏ったイメージが生まれたといわれている。私自身も日本のＮＧＯでのボランティアは無給であったし、カラを立ち上げてからも私費の持ち出しが続いた。最初は助成金が出ないから、航空運賃も給料も私費から出してスタッフを雇った。「ボランティアでお願いね」と頼む時も、無償では相手が責任を持たないことにつながると思い、ただでは雇わなかった。

現地での事業に必要な経費には、現地活動費だけでなく、マリの労働法に従い、賃金の引き上げや税金、スタッフの社会保険料も含まれる。これらすべてを含めると大変な額になった。スタッフはマリ人技術者を優先的に雇用し、彼らの下に村の優秀な青年をアシスタントとして雇用し、人材の育成を行った。ちなみに、日本人一名の一か月の給料は現地の村のアシスタントスタッフ二〇名の給料に相当する額である。村のアシスタントスタッフが多くなると、彼らを介して多くのことが村々に伝わるので一石二鳥だった。

現地に住み、年月を経ると支援事業の要請も多くなり、われわれも村の人たちの生活を目にしているとできるだけの支援をしたいと思うようになる。井戸の掘削費用は掘削の深度によるが日本円で一〇〇万円以上かかる。産院・診療所の建設には一〇年ほど前の価格で約一五〇万円、小学校建設には八〇〇万円、助産師の育成にひとり年間三〇万円。したがって負担が膨らんでくるのは当然だ。やはり資金がないと善意も通じないことが多い。

貴重な資金を絶対無駄にしないため、事業開始時には、必ず村に助成元について説明し、日本の支援に対する思いをしつこく伝えた。村の人にとっては、支援が民間か公的かの区別はない。希望したものができあがって生活に役立てば、それでいいのである。

日本の公的資金が入る支援の際には、「顔の見える支援」として、助成元を明示するようにいわれる。看板を建てるか、建物の壁面にロゴマークや文字で明記しているが、それを読める人は村にはほとんどいないし、日本人にわかる言語（英語、フランス語など）は村の人に理解できないから、誰のための看板だろうと考える。だから私は現地の言葉であるバンバラ語表記を常としている。それでも、現地のどれだけの人たちがこれを読んで出資者の善意を理解しているかは疑問である。看板の設置には、現地価格でもかなりの額が必要だ。日本円で一〇万円はかかるので、その分を女性のための適正技術指導用のミシン購入費に充てれば、どれだけ女性の収入につながるかといつも思っていた。学校建設で一番嫌だったのは、日本政府の資金で建設しても看板に「ムラカミの〇〇スクール」と住民たちが表示したがることだった。いくら日本政府の資金であると説明しても理解してくれない。建設費を持ってきた人の金である、と思っている節があったように思う。

私は、活動資金の獲得のため、多くの助成団体に申請書を提出し、その傍ら帰国のたびに講演会を行い、バザーで村の女性が製造したカリテの石けん、泥染めのマリの工芸品などを販売し、活動の宣伝にも努めた。毎年、年末に東京で行うチャリティーコンサートも同様で、まさに私はマリから日本へ来た出稼ぎ者であった。

大型の建設事業には、幸いにも日本の無償資金協力を充てることができた。また、郵便貯金の利息の一部を開発途上国の助成金に充てるという世界的に初めての取り組み「国際ボランティア貯金」では、カラは助成事業第一号となり、この取り組みが終了するまで毎年助成金を受給できた。また、民間の団体からも支援してもらえるなど、振り返れば日本の経済が活況で非常にいい時期に幅広く活動できたことはラッキーだったと思う。

スタディーツアーと手打ち式

マディナ村での小さな奇跡のような出来事についても触れておきたい。

マディナ村に、西アフリカ経済を勉強している日本の龍谷大学経済学部の学生一三人が大林稔教授（現在は退職）と共にスタディーツアーで数日間、滞在したことがあった。学生たちはマディナ村ではコマカン協会のスタッフの宿舎を借りた。日本からお客さんが大勢来たというので、村では大歓迎であった。

マディナ村小学校で小学生と一緒に日本のラジオ体操を早朝行った。書道も披露してくれた。事前に村のルールを説明していたが、夜中に村の井戸端で裸になり、村の子どもたちにシッカリ見られていたのを知らずに、体を洗っていたという。村の人たちにとっては公共の井戸端で体を洗うことはルール違反である。日本とまったく違う環境の村での初体験が、スタディーツアーに参加した学生たちのその後の人生に何らかの影響を与えたかどうかは不明であるが、アフリカの田舎で過ごした数日間の記憶は確実に残ったと思う。

そして、このスタディーツアーは村に歴史的に大きな成果をもたらすことになった。

スタディーツアーの最終日に同伴していたジャワラ氏がこう言った。

「村長からの申し出があった。学生さん数人と教授とムラカミは村長に付き合って隣村まで来てくれ」

皆で隣村へ行ってみると、驚いたことに長老たち約三〇人が正装し、並んでわれわれの到着を待っていた。ひとつの村だけの人数ではない。明らかに複数の村から集まった長老たちのようであった。私はジャワラ氏に尋ねた。

「どうしたの、何が始まるの」

「マア、少し待ってくれ。後で説明する」

ジャワラ氏はそう答えるだけで、われわれ日本人がまったく知らないバンバラ語で儀式のようなことが始まった。私たちもその動作を真似《まね》た。

儀式が終了したらしいことは、長老たちが立ち上がり「ヤア、ヤア」と言って、聞き慣れた挨拶言葉で握手していたことから理解できた。私たちも笑顔で調子を合わせ、別れを告げてマディナ村へ帰って来た。

ジャワラ氏の説明によると、それは、長い間続いていたマディナ村と周辺一一村との闘いにも似た仲たがいの状況が、この時を機にして解消され、その手打ち式だったという。われわれには、何がどうなってそうなったのかまったくわからなかったが、いろいろなことから察することができた。

これまで、マディナ村と周辺一一村とは憎しみ合う関係で、毎年のようにマンゴー園に放火されたり、近郊の村へ行くマディナ村民が石を投げられたりといった被害が発生していた。その理由は、マディナ村の人たちが非常に勤勉であることに端を発していた。勤勉であるがゆえに農閑期の出稼ぎによる多額の収入で裕福であること、結果としてヨーロッパへの留学生を多く輩出し、帰って来た村民が村の発展に寄与していることなどに対する嫉妬だという。

また、マディナ村の人口の九割はバンバラ人のジャワラ姓で、遠い昔にマリの北方から移動して来た人たちであり、いわば外様《とざま》の存在であった。それも起因し、村間のいさかいにつながったという。愚かしいことではあるが、根深い問題として村間に横たわっていた。

ところが、周囲から憎まれ疎まれていたマディナ村に、近年外国人の客が多く訪ねて来るようになった。それを見ていた周囲の村では、「これはマディナ村が信頼されている証拠である。マディナ村の人は知恵深く親切で素晴らしい人たちであり、立派な村であるからだ」と認識を改めることにつながった。今までの不仲を考え直し、今後は仲良くしよう、ということになったという。どうやら手打ち式の呼び水となったのが、スタディーツアーのようであった。私は、この話を聞いてマリの人々の純な心に感動した。

小さなボランティア活動が、実に大きな成果をもたらした。それにしても、それほど長い間の不仲、根深い憎しみを持っていたにしては、手打ち式はとても簡素で短く終わった。

この村同士のトラブルが一応解決を見たことも、マディナ村における活動の成果であったかもしれない。

ムラカミの言うとおり

村の人たちの信頼を得た一番の要因は、事業面において約束をきっちり守っていたことに尽きるのではないだろうか。逆境に対しても初心を貫き、ダメなものはダメ、いいことはいい。はっきりと伝え、本質を曲げず忍耐強く続けた。また、彼らが覚えたことを生かすようにした。文字を書けるようになった人をグループのリーダーや役員にしたことが村の人たちに喜びと満足感として伝わり、信頼を植え付けたのだと思う。

結果、皆に説明し行ってきた活動が約束どおり、きちんとお金になり収入源になった。衛生面の向上により、安心して生活ができるようになった。「ああ、ムラカミの言うとおりだ」と信頼につながったのである。成果が見えると人は動く。

「ムラカミは大統領よりも信頼できる。約束したことを守るから」とお世辞とも思われることを言ってくれた時は嬉しかった（思いあがりであろうか）。しかし、考えてみればそれはそうだ。私は「できないことはできない」ときちんと言い、できない約束はしないからだ。

約束を守ることとは、実はこちらのやり方しだいである。早くに結果を求めない。忍耐強く待つのである。長い目で見ることが必要だ。もちろん長い目で見ることが基本でも、頭にくる時はその都度怒ることも大事である。本質とは違うことを要求されれば「ちょっとそれはおかしいんじゃない」とはっきり言った。互いに確認する意味で有効なのである。

早くに結果を求めないというのは、事案によって達成する時間が異なるからだ。たとえば、思っていたより早く結果が出た活動は野菜園と女性のための適正技術である。水を欠かさず育てれば作物は実った。食べて美味《おい》しい上に収穫した作物を売ることで収入になった。また、彼女らは子どもをたくさん産むから、赤ちゃんや子どもに必要な衣類などを作れば売れた。手の込んだ技術で枕カバーやカーテンに美しい刺繡を施せば、その内容に合わせ、でも皆が買うことができる値段を付けることでよく売れた。

四、五か月で成果が出てからは、販売した売り上げを利用して自分たちで運営をしていきなさい、と女性たちに任せた。私は一言も言わなかったが、彼女たち自身で個人の売り上げになるように組織を作ったこともやりがいにつながったと思う。

アフリカの女性は、これがいいと思うと物おじすることなく、果敢に突き進んでいく。勇気のいることであると思う。躊躇などという言葉は知らないらしい。怖いもの知らずのようではあるが、大したものだと感心する。

逆に成果が上がるまで時間がかかるのは医療だった。前述のとおり、助産師や看護師を育成するには小学校を建設することから始まり、産院や診療所を設立するまで長い時間を要した。

マラリア予防にも時間がかかった。蚊に刺されないよう蚊帳《かや》に入って寝ようと進言しても、暑いから蚊帳に入る子どももいなければ、大人も風が通る木の下で寝たがった。かくいう私もそうであった。暑い夜は外にいす式のベッドを持ち出し、手足を蚊に刺されながら寝ていた。そして雨が降り出すと一斉に部屋へ飛び込むのである。だからその気持ちはよくわかる。長い目で予防という意識を植えていき、その傍ら予防薬を飲むことで子どもの死亡率を減らしていった。

もうひとつ長い時間がかかるのが植林事業である。樹木はすぐには大きくならないから、伐採できるまで少なくとも三、四年が必要であり、そもそも雨が降らなければ育たない。植林用の井戸ポンプを作っても、それだけの給水では足りない。雨待ちである。植林した苗木の二、三割も育てば良しという状況で、三〇本植えても二、三本しか育たなかった村もあった。それだけ植林は難しい。育つ前に伐採しないようにしようと思っても、寒い時期の薪は必要だった。だから一本切ったら四、五本の苗木を新たに植え続けなければいけないことになる。しかし今では苗木を作って売る人と、植林用に買う人がいるようになり、分業制に変化してきた。村の人たちが収入を得る方法を知った結果だった。

やればできる賢い人たちだと心から思う。周囲に娯楽が何もないから、やらなければならないことに集中できるし、「これをやればお金になる」「これをすれば生活が良くなる」ことがはっきりしている。選択肢はやるかやらないかの二択とシンプルだ。

その一方、私たち支援する側は、約束を守るためにひとつの方法だけでは難しい場合が多く、村の人たちとは異なり、いろいろな方法で成果を上げることが必要だった。だから、資金はいくらあっても足りない事態になっていった。

カラの現地スタッフも、いろいろなことを要求してきた。たとえば「専門学校へ行って技術を学びたい。だけど金がなくて行けないからその資金を支援してくれ」と言うのである。そんな時私は、「なぜ自分で資金を得る努力をしないのか。自分で資金を得ることを考えなさい」とはねつけていた。個人的な要望に応えることは支援とは考えない。

何より、その人が努力することが、必ず村の人たちが気づくきっかけとなり、発展につながっていく。これも、ムラカミの言うとおりなのである。

第三章

人を育てる喜び

本質を話すこと

人を育てることが好きだ。私は物事をはっきり言うから、おっかない人だといわれることも多い。日本でも同様である。「そんなにはっきり言うと相手が萎縮する」と指摘されることもあるが、マリのスタッフたちはよく育ってくれたと思う。カラの運転手には、「ウイかノンかどちらかしかないでしょ」と常に言っていた。アフリカでは確かに、明白にわかるように言わなければ気持ちが通じない。スタッフたちに「あなたたちの給料は日頃の働きしだいで来年申請するかどうか決めるから」と言っていた自分は、今思うとやはり恐ろしい上司であったろう。

人の育成で一番大切なことは何か。本当のことを言うことである。そして、本質を話すこと、丁寧に話を聞くことに尽きる。反論があったり、思わぬ態度が返ってきたりすることもあるが、そういう時こそ意志を貫くことだ。絶対に本質を曲げず、怯《ひる》まないこと。たとえその時だけ相手にとって気分がいいことを言っても、結果的に「こんなはずじゃなかった」と受け取られてしまえば元も子もない。信頼と成長、ふたつの機会を失うことになる。これは、日本人に対してもマリ人に対しても同じであろう。

特に何か事を起こす時は、理由や目的、方法といったいわゆる事業についての基本を説明し、「わからないことがあれば言ってごらんなさい」と相手の話を聞いて、互いに理解できたか否かを確認する。そのようにして進める事業は何ごともなく進行していくし、たとえ何か問題が生じたとしても、解決は楽である。

こんなことがあった。女性のための適正技術による製品を販売することで、女性たちは少しずつ収入を得るようになった。バブグ村の女性センターの活発な活動は他の村に伝わった。オーロンコトバ村とブグニサバ村から同事業を望む要請があり、この二村に女性センターを開設し設備を整えた。指導には、バブグ村からカラの女性スタッフが出向いた。

オーロンコトバ村の女性センターは非常に熱心な活動が展開されていったが、ブグニサバ村では思ったようには活動が進まなかった。ミシンを備え、縫製の材料を揃え、技術を教えたけれど、結局それらを使わなくなってしまったのである。通常カラでは新規の支援事業の開設には、「この事業はあなたたちが希望することであるから、責任を持って活動を継続するように」と言い、「継続できない場合は、すべての備品を引き上げる」と強く、しっかりと宣言していた。いわゆる約束である。

ブグニサバ村では、活動が行われない日が続いたので、村長に活動の中止を宣言し、すべての備品を持ち帰った。皆が慌てた。「他の村で欲しいと言っているからそちらへ渡す」と私は告げた。女性たちは泣いて「持っていかないでくれ」と言ったけれど、「これは約束したこと」と私は絶対曲げなかった。「このプロジェクトはこれだけのお金をかけて、あなたたちの生活を良くするために行っていることだから、自分たちでできるようにならなければ、最初の約束どおり、私はすべてを持ち帰る」と事の本質を忍耐強く話し、説得した。村の男性の中には、「そうだ、カラの言うとおりだ」との声もあった。

女性センターは、その後は村の集会場や識字学習の場に利用されるようになった。

後になってわかったことがある。ブグニサバ村の女性たちは、女性適正技術よりも野菜栽培のほうを好むようであった。また、村内には、村長一家と村の人たちとの意識の違いなど問題があり、意思が統一されていなかったのも原因のひとつであったようだ。やはり村内の状況が平和的でないと、活動にも影響してくる。これは、われわれの村についての事前調査が不十分であったためともいえる。本質を貫いたことは正解だと思っているが、反省すべき点は謙虚に受け止め、同じミスをしないこと。これもまた本質である。

大人であろうと子どもであろうと、本質を話し貫くことで必ず真意が伝わると私は思う。たとえその時は恨まれたり逆ギレされたりしたとしても、覚悟を持って話す信念にはぶれない強さがあるからだ。

有意義な教訓

モバ村で待望の産院を日本外務省の支援で開設する時の話である。例によって助産師候補の女性を村からひとり選んでもらい、村民会議の席上でいろいろな注意事項が言い渡された。私はその時はバマコにいて会議には出席できず、スタッフのアワが代行した。

助産師は日本円で約三〇万円の費用をかけて、研修先で一年間勉強をし、助産師としての認定を得る。一年分の研修費はカラが負担するが、研修先での下宿代は村の負担だ。村のための事業であり、助産師候補を村から選出したという責任と意識を持ってもらう。「これだけのお金と時間をかけて資格を取るのだから、村に帰って助産師として働かない場合、育成費を返してもらう」と約束をしている。

私が村に戻ったある朝、アワが慌てて報告に来た。

「ムラカミ、大変なことになった！　ジェノバが妊娠している！」

「エッ、じゃあ研修は難しいね。村に確認しよう！」

研修中の出産や育児は難しいので他の女性を選ぶか、産院を他の村に開設するか、ということになった。これは村の一大事である。再度、村民会議が開かれ、その時には私も参加した。

村の広場中央には研修を控えていたジェノバ夫妻が罪人のごとく座らされ、周りには村中の人が集った。女性たちは「絶対、他の村へ産院を譲らない！」「譲るな！」と大声を上げている。その中でジェノバはワーワーと大声で泣き出し、夫はしだいに萎《しお》れて立場がなくなり終始無言であった。

ある女性が、彼らに同情したのか、「しょうがないよ、神様がそうしたのだから」と言ったとたん、村長が「いやそれは神様の問題ではない、夫の問題だ。研修は個人の問題ではない。村の代表で行くのだから妊娠しないように注意しなければいけないと最初にしっかり言ったのに、そのことがわからないのか」と怒っていた。

結局、同じ村から他の女性が選ばれ、産院も計画どおり開設されることになった。選ばれた女性の名前は、スタッフと同じアワといい、夫は村民の前で「絶対に妊娠させるな！」と皆から注意され、村の会議は終了した。ジェノバにとっては、助産師になるというチャンスを逃した残念な事件だったが、その後、無事に六番目の子どもを出産した。

この事件は近隣の村へ風のように伝わった。やがて開設された産院へ、近隣の村からも避妊法など家族計画の相談にカップルで来るようになったことは予期せぬ効果であり、意味のある教訓となった。

また、コニナ村産院では運営二年目に入った時に、助産師のマイムナが突然産院を休み、診療を行わない時期があった。マイムナ不在で休診状態が続くことは、村には大きな問題である。というのは、診療所がない村では、産院が一般疾患や外傷などの手当て、薬剤の処方なども行っていたからだ。

産院の自主管理委員会や夫が尋ねても、マイムナは頑《かたく》なに理由を言わないので頭を抱える日々が続いた。

私は村長に「助産師の資格を村のために生かさないのであれば育成費を返しなさい」と話した。村は、三〇年月賦で支払うと言ってきた。「三〇年！　コニナにもマリにも多分もう私はいないから」と返し、マイムナに原因を聞くのが先であると話したところ、私がその役目を担うことになった。マイムナに尋ねた。

「もしかして古くからいる助産師とうまくいかないの？」

「ウン、そうだ」とマイムナ。

この古くからいる助産師はカラが村に入る以前から雇用されていた。しかし、村での評判が悪く訪ねる妊婦がいなかった。私は、産院を開設する時に、この助産師を雇用しないことを宣言していたが、村はそれを守らなかったのである。助産師としてではなく、薬剤担当としての仕事であれば雇用しても問題ないと思ったようだ。しかし彼女は、その役割を利用してひそかに薬剤を横流しし、個人収入を得るという悪行を働いた。この不正にマイムナが気付いたのである。

「同じ村に住む人の悪事を村に告げることができなくて、悩んで産院に出勤しなかった」

これが、マイムナが職場放棄した理由であった。

村では早速解決に乗り出し、マイムナは産院に復帰した。不正をした助産師を解雇してから後は、大きな問題もなく順調に医療活動を続けている。村内の人間関係を考えて、村に訴えることも見逃すこともできず、マイムナは誰にも告げないで診療を放棄するというストライキを起こしていたのではないかと私は理解した。何とも健気である。マリの女性には、ひとりで悩みを抱え込むような気質もあることを知った。この事件についても、村を責めることより、われわれの調査不足でもあったと反省し教訓にした。

その後、コニナ村産院の評判が広がり、遠方の村からの来院者も多くなった。カラには、多くの村から産院・診療所を開設してほしいと要請があり、二〇一七年以降はドゥンバ郡の四村を合わせ、合計一一村に産院が開設された。

また二〇二二年に、カラが開設した産院・診療所の活動状況を尋ねたところ、すべての産院はかなりの収入を上げていた。最も多額な収入は、日本円で一〇〇万円に当たる。これはアフリカの田舎の小さな村にとっては大変な額である。助産師と看護師の給料も上がり、自主管理委員会の運営がしっかり機能していることが証明された。カラが活動の現地から去っても、脈々と人材が育ち、成果につながっている。

今までになかったことを行う

風土病であるマラリアを含め多くの疾病は、基本的には彼ら自身の問題であるから、彼ら自身が予防に取り組むことが重要だ。この視点から、村の人が村の人に知識を広げるという方法が本質ではないかと考えた。

日々、村の女性たちの活動を観察していると、彼女たちはとても賢く積極的に物事を進めるようになり、学んだ知識を仲間に教えることが十分にできる段階になったと感じられた。女性たちは読み書きができなくても、必要な知識を記憶するという素晴らしい能力を持っている。記憶したことは貴重な教科書となり得るのだ。

そんな女性たちを核として新しい事業を開始することにした。女性の健康普及員育成事業だ。病気予防と公衆衛生知識の普及をする人材を村から五人選んでもらい、各村で育成し、彼女たちの口を通して村の人たちに知識を伝えるのである。

この事業の目的は、知識を学び、それを人々に普及させることだけではない。女性を主体とした事業がきっかけとなり、因習的に家庭内で夫に従い、家事と育児、農作業に励み、子どもをたくさん産むことが女性の仕事であるかのような意識を変えて、妻として夫と同じように意見を述べることができる女性になってほしいと思ったのである。

健康普及員の研修生たちにとっては初めて学ぶ内容で、しかもそれらすべてを頭に記憶するのであるから大変な苦労だったのかもしれないが、皆、非常に熱心で欠席者もいなかった。遠い村からは、背中に子どもを背負い、夫の自転車に乗せてもらい通ってくる。そして夫は研修が終わるまで待っているカップルもいた。とてもほほえましい光景である。

研修内容は、公衆衛生、病気予防、母子衛生、栄養など広く浅く説明するようにした。指導者はスタッフのアワと決め、先にバマコのアサコバファ診療所の研修に派遣して知識を学ばせた。新しい知識を学んだアワは、大張り切りである。彼女の講義態度は、決して優しいものではない。ガンガン詰め込むようであり、そんなに強く言わなくても、と話したところで「これでいいんだ！」と受け流された。かなりきつく激しい言葉遣いであったが、研修生たちは笑いながら授業を受け、何とものどかな風景であった。バンバラ語でローカルな例を示して説明するので、理解しやすかったのだろう。

アワがバマコで買い求めた教材には感激した。それは、教える内容が一枚ずつのカード状になっていて大きな布に張り付けることができる。研修生の多くは字が読めないから絵で覚えさせるのである。南東の隣国ブルキナファソ製であり、誰が考えたのか素晴らしい教材であった。

研修会の様子を見ていて、指導者がマリ人以外であったなら、こうは進まなかったであろうと思った。実際、支援プロジェクトを始めた頃に雇用した外国人スタッフが、上から目線で厳しく注意することで、村人ともスタッフとも言い争いが続き、辞めてもらった経験があった。

三週間にわたる研修会が終了し、彼女たちは自分の村へ戻り村民に報告を行う。その時に、カラが寄贈した掃除用具一式を村人にお披露目した。村では健康普及員の報告を聞くと、その後の活動について村民会議を開いて決めた。健康普及員が講師となり「話し合いによる学習会」を月二回定期的に開催する。また、学習会の後には村の女性たち全員で「村の公共広場」の清掃を行うことも決まった。まさに村の公的事業となったのである。

いよいよ健康普及員の活動が、村で決めた日程でスタートした。多くの村で始まった「話し合いによる学習会」を視察したアワは、「ベラベラ喋《しゃべ》るが、まったく聞いていない人もいて、耳に入っていない」と笑っていたが、私は初めてであるから仕方がないと思って今後に期待した。この学習会で学んだことが、人々の日常生活で習慣になり、しつけとして母親が子どもに伝えていくようになればいい。

健康普及員たちも場数を踏んでそれなりに上手になり、知識が少しずつではあるが、確実に広がっていった。村に何人も女性の健康普及員がいるので、困った時にはすぐ聞きに走り、助け合うこともできる。月二回の学習会で話す内容の一部を忘れた際には、健康普及員の再研修を行った。

この学習会の参加者は、どこの村でも女性が大半を占め、男性はとても少ない。マリといわずどこの国でも同じで、夫は衛生や健康のことは結局妻に任せる傾向にあるようだ。アワと「しょうがないね」と諦め気分になり、男性に参加を強制したり、たきつけたりすることはしなかった。

やがて健康普及員の活動がもたらした成果は、即効的ではないがジワジワと表れた。何といってもトイレの後に子どもは石けんを使って手洗いすることが徹底され、「子どもの下痢がほとんどなくなった」と母親たちから報告された。ユニセフの予防接種率も一〇〇パーセントを達成した。出産前検診を受ける妊婦も増え、流産や妊娠中毒症が減り、家族計画の相談に産院を訪れるカップルが増えたことも目に見える変化だ。これは村の主婦たちが主体の女性健康普及員の活動によるものである。私はこの事業が成果を上げていくのを目にして、開業医から転職しアフリカに来た目的を思い、万感胸に迫った。確実に進んできたことに満足を覚え、誇らしく自慢できる支援事業であると思った。

また、学習会の後の村の公共広場の清掃によって、村が清潔になり、個人宅でも家の内外を毎日掃除するのが習慣になってきた。ある夫は、「妻が嫁に来て初めて部屋を掃除する姿を見た。清潔になった。カラはいいことを教えてくれた」と言ったそうだ。「一度もほうきで部屋を掃いたことがなかったの？　ウソ！」と私は思わず笑ってしまった。

この清掃に使うほうきはコートジボワールからの輸入品であるが、価格は安い。カラが最初に村に渡した二〇本が消耗したら、その後は健康普及員が購入する。村では学習会の集合時間に遅れると罰金が科せられることになっており、その罰金が代金に充てられた。こうしたことも村人たちが自主的に決めていった。

健康普及員の育成に参加しなかった村の村長から「ウチの村にも話に来てくれ。何も知らないことは、重篤な病気に罹っているのと同じことだ」と言われたのがとても印象的で、そのように考えを変えた村長は、賢者であると思った。

二〇一五年頃になって、この事業の反響を聞いたバブグ村からも健康普及員育成の要請があり、それを受けてドゥンバ郡にもこの事業が拡大していった。結果的に五村から約三〇人の女性健康普及員を育成し、合計一九五名の女性健康普及員が誕生したことになる。

健康普及員たちは、村から選ばれたというプライドを持ち、男性を含めた多くの人の前で「教える、講義をする」という、今までにはなかったことを行った。そうすることで自信が生まれ、女性の地位向上が大きく前進することを期待した。また男性には、目の前で繰り広げられる現実から女性の潜在能力を知り、それを認めて、女性や妻に対する認識を改めるきっかけになることを願った。

人々が必要とすることを的確に支援すれば、自然と生活向上につながることを改めて知った。そして、指導する側も共に行動し、見守ることが、人が育っていくためには大事であると心の底から思った。

女性たちの熱意に動かされる

自立を促すための一連の事業を通して、早く確実に成果を上げるのは、収入を得やすい事業である。その例は、数か月で生産販売できる野菜栽培や日々の生活に役立つ女性のための適正技術による製品の販売収入であった。これらから今まで収入がなかった女性が、確実に収入を得る道を知ることになったのは先述のとおりである。女性たちは自信を持つだけでなく、更に事業の進展に興味を持ち、積極的に行動を開始する。まさに女性をうまく動かすことがカギであり、村の自立発展につながることだと確信した。

バブグ村より北方に位置するコニナ村を中心とした地域で、女性たちが力を発揮して新規に始めた事業がある。前述した女性健康普及員の育成ともうひとつ、女性小規模貸付事業だ。女性小規模貸付事業は、女性委員会で蓄えた資金を何人かの女性に決まった期間貸し付ける制度で、二〇〇二年に二か所の村から始まり、その後二〇村近くで継続している。これらの運営もすべて村の女性たちで行っている。

ある日コニナ村の女性がひとり訪ねて来た。マリの経済第二の都市のセグーで、カナダの資金で成功している女性小規模貸付事業をコニナ村の女性たちでもやりたいから資金を出してほしい、と言う。ニジェール川対岸のセグーとは船で往来でき、ニュースが入りやすいのである。ただ、即答は躊躇した。

なぜなら、過去にマディナ村で数人のマリ人に頼まれて金を貸したことがあったからだ。ひとりからは返済してもらったが、他はまったく返済されず、借りたものはもらったのも同然と考えているようであった。今回は貸付事業を運営する女性たちからの申し出である。しかも貸付事業は団体の事業でもあるから、大丈夫であろうと思いながらも、約束どおりに返済されるかはかなりの疑問であった。

しかもその少額の貸付金で本当に商いができるかどうかも心配だった。もし返済期限内に商いがうまくいかなかったらどうするのだろう。いろいろな心配が心をよぎり、何ごとにも計画性がなくどんぶり勘定である彼女たちに即座にOKを出すことは、さすがにできなかった。しかし、何ごとも経験である。成功すれば女性たちにとっては有意義なことでもある。「カラは予算がないから資金は出せないが、もし女性委員会で資本金を蓄えたら貸付事業の実施を許可するよ」と話した。

これを伝え聞いた他の村の女性たちは「適正技術の事業をすれば、事業資金をカラがくれる」「カラの言うとおりにすれば資金を出してもらえる」と勘違いし、間違った噂が風のように流れ、女性のための適正技術指導の要請が数か村からあった。

「違うの、適正技術や野菜栽培から得た収入を貯めて資金として始めるのよ。カラは資金を出しません」

私はそう説明したが、適正技術指導を要請してくることは願ったりかなったりだった。

この地域では、カリテ油を原料とするシアバター石けん作り、伝統的な染め物技術や刺繍、裁縫の普及にかかろうと思っていたところでもあったので、渡りに船と指導を引き受けた。年間降雨量の減少が著しい状況では、雨季の農作業から収入を得ることは難しくなっている。家計を守る立場の女性は、いろいろな面から収入を得ることが大事だ。女性のための適正技術は確かにその収入源のひとつとなる。

適正技術の指導を受けている女性たちの技術の習得は早く、活動は新しい製品を生み、それを販売して得た収入の一部を女性適正技術管理委員会に蓄えた。

一年後、驚いたことに彼女たちは貸付事業の資金を蓄えて、再度許可を求めてきた。女性適正技術の普及がそのまま女性小規模貸付事業の資金につながったのである。村の女性たちは私の言ったことを忠実に守り、努力してきた。真面目で律儀な態度に感心し、疑っていた自分が恥ずかしいような思いであった。

ゼロから出発した女性たちの熱意で、二〇〇二年五月にコニナ村とモバ村の女性適正技術管理委員会は、それぞれ二万二五〇〇セーファーフラン（約四五〇〇円）、三万二五〇〇セーファーフラン（約六五〇〇円）を蓄えた。約束どおり、カラはそれぞれの委員会の代表に貸付事業を開始することを許可した。

第一回の貸付では、コニナ村でひとり当たり二五〇〇セーファーフラン（約五〇〇円）を九人に、モバ村では一三人に同額を貸し付けた。貸付期間は三か月、利息は一割だ。貸付期間も委員会へ支払う利息もすべて女性たちが決めた。次回からは貸付期間中に共同作業で得た収入を資本金に加算し、より多くの女性が借りられるようにする。これを繰り返し、二〇二三年現在も村で継続している。

アワの話によれば、村の女性たちは毎日の家計のやり繰りに大変苦労しているという。多くの女性たちが公平にお金を得るチャンスを持つことは、相互補助的な思いやりの表れであったのかもしれない。

　この事業からお金を借り受けた女性の数は、多い時はモバ村で一〇〇人を超えた。私は女性のたくましさと律義さに喝采《かっさい》を送りながら、繰り返される返済時の情報を興味深く記録し続けていった。事業を監督するアワは、毎回返済と貸付の時に一日中立ち会っているが、貸付金が年配者から順に配られ、端数の金額が余った時には年功序列で年寄りに優先的に渡されるという。

「じゃあ、私はいつもたくさん借りられる」と言うと、アワたちはヘエーという顔をしていた。私の年齢を知らないので皆、不思議だったのだろう。マリでは、当時六〇代だった私の年齢で外に出て働いている女性は見当たらない。超オババなのである。

　貸付限度額に対して借りたいという女性が多い時には、くじ引きになる。この時くじに漏れた女性はシクシクと泣く。それほどに切実な問題なのだろう。

　日本人の感覚では、通貨の価値が違うとはいえ、三か月五〇〇円を借りて何ができるのかと思うかもしれない。けれども収入の当てのないマリの、それも農村の女性には非常に貴重な額である。この二五〇〇セーファーフランは、男性ひとりの日当に相当する額であり、米を三キロくらい買うことができる。

資金を借りて商いをする女性たちには、「家畜を飼育して売るのは止めなさい。なぜなら伝染病が流行すると一斉に死んでしまうから」と伝えた。そして、主婦が毎日使う調味料のような確実に必要とされる品や、習い覚えた技術で作ったものを販売するよう勧めた。皆、忠実に働いた。一割の利息を管理委員会へ納めると、個人の収入は本当にわずかである。だからといって放棄する女性はいない。この状況を聞きつけた他の村から同様な貸付事業を望む声が増え、二〇一六年には貸付を受けた人は九村七八八人に拡大していった。

貸付事業を最初に始めたコニナ村とモバ村では現在も継続し、若い人たちにその権利を譲り世代交代を図った。この時にはいったん資金を分担して、ひとり三〇万セーファーフラン（約六万円）を受け取ったという。そして新しい世代は、再び少額の資金からスタートしたのである。

この資金を長年借りていた高齢の女性は、「年を取って農作業ができなくなった。しかしこのマイクロクレジット（少額融資制度）のおかげで青年を雇って農作業をしてもらうので、トウジンビエが毎年収穫できてとても助かる」と言って喜んでいた。それぞれの人がそれぞれの工夫で生活に役立たせていることがわかった。決して多額の収入が得られるわけではなく、裕福とか贅沢とかいう言葉を知らない女性たちである。ただ日々の生活に確実に役立ち、満足している姿は爽やかで、わがことのように嬉しかった。

ある村では結婚前の一〇代の少女たちが結婚資金を蓄えるために、毎年都会へ出稼ぎし、時には性犯罪に巻き込まれて悲しい思いをすることも多い。村に残っている両親は常に心配していたが、そうした女性の出稼ぎも九〇パーセント減少したという。村で収入を得ることができるようになったからだ。母親の傍らで手伝いをして、周辺の村を回って小商いをしている姿を見ると頬が緩む。ささやかな勤勉さが、大きな幸せを呼びよせているのであった。

夢をかなえる姿を見る

積極的な女性たちの働きで共同の蓄えが増えると、穀物製粉機の設置も可能になった。穀物製粉機の購入にあたっては、価格の一割を女性たちが負担するようにした。これがあれば、単に一日の労働が減少し時間的な余裕が生まれるだけではない。村の女性は少女の頃から臼《うす》と杵《きね》での製粉労働に携わるが、身体的な負担が大きく、成人して婦人科系疾患を引き起こす一因にもなっていた。製粉機の導入により身体的に相当楽になる。製粉機の使用は有料にしたが、それも村で支払えるほど蓄えがあった。

女性たちは従来の家事と農作業だけではなく、技術や知識を身に付けていった。一日は非常に多忙になったが、確実に収入を得ることにつながった。午前中は野菜栽培、午後は女性センターで適正技術の製品作り、夜は識字教室へ通う。この習慣を長く続けて識字教師になった主婦もいる。

女性は収入を得る手段を一度経験すると、必死で働き、互いに競争するようになった。いわゆる良い競争である。私は今更、女性も自立が必要だ、などと言う必要がなくなったように思う。押し付けられた自立より自然発生的な自立のほうが感覚として身に付くのだろう。

その頃、村の友人宅を訪問して気が付いたのは、それまで殺風景だった部屋が、華やいできたことだ。刺繍したカーテンや水がめを覆う刺繍した布巾が彩りを添える。女性センターで製作される刺繍製品は、村の市場より安価なので結婚祝いや出産祝いに人気だ。

また、ある日ママブグー村の女性センターを訪ねた時、ひとりの女性が私に「金が入るようになり、子どもがランチに帰宅する必要がなくなった。小遣いを持たせて、学校の近くでビスケットを買って食べることができるようになったのでとても助かる」と言った。マリの小学生はランチタイムに帰宅し自宅で食事を済ませ、再度学校に戻り午後の授業を受ける。しかし隣村の学校に通う子どもにとっては、一日二度の学校への往復になり、大変な苦労だ。ランチにビスケットを買って食べるよう、母親が小遣いを子どもに持たす余裕ができたのである。

私やアワが指示しなくても女性たちで多くのことを適切に決めていた。皆、楽しそうに大声でおしゃべりして笑いながらの作業は、生活苦を吹き飛ばすかのようで、バンバラ語がよくわからない私も一緒に楽しんで聞いていた。興に乗ると踊り出す陽気なおばさんたちだ。時には「ホレ、私の畑の野菜だよ」と言って、トマトやナスを持ってきてくれた。その野菜もカラが造成した野菜園からの収穫だ。女性センターの裏側に建設したトイレは、常に清潔に保たれていた。

女性たちの明るくたくましい姿は、長年の夢をかなえた姿でもあった。支援している立場がいつの間にか教えられ、助けられている立場に代わったような手応えを覚えた。

教えたつもりが教えられ

マリの女性と仕事をしていて気が付くことは多くあった。そのうちのひとつは、バムナの刺繍だ。赤ちゃんを背負う時に美しいバムナを使うのが女性たちのお洒落《しゃれ》である。

当初は私が刺繍のデザインも刺繍糸の色も選んでいた。しかし同時に進めなければならない事業が増え多忙になったので、ある時から村の女性が自分好みのデザインで刺繍を始めるようになった。

できあがったバムナは、全体のバランスも良く美しく楽しい。しかし、それを見た男性たちは「エッ、木が赤？　茶色に決まっているじゃないか、色がおかしいよ」と言い出す。そうではない。固定観念にとらわれない自由な発想で生まれた色彩は、女性の隠れていたセンスが発揮された産物である。私はとても満足だった。

案の定、マディナ村の女性が作ったバムナが近くの村で反響を呼び、売り捌《さば》いてくれる商人が出てきた。待望の収入を女性たちは手にすることができるようになった。

それまでの私のデザインや刺繍は、日本で覚えたフランス刺繍で、繊細に撚《よ》った刺繍糸を使い細かな技術で作り上げていた。が、それらは必ずしもアフリカ人の好みに合ったものではなかったのである。彼女たち独自のアイデアで原色の毛糸を使ったほうが、インパクトが強く人目を引く。何をデザインしたのかわからずゴチャゴチャと刺しただけのようではあるが、細かい技術などは問題ではない。パッと見て、「ワーきれい」がベストであるようだ。最初に私の刺繍を見た女性たちは「素敵、こんなの初めて見た」と言って喜んでいたが気を遣ってくれていたのだろう。

アフリカの女性たちにも手仕事を好む人が多いことを知った。新婚さんや出産祝いの贈りものにと、手仕事を楽しむ姿にいっそうの親しみを感じた。

教えたつもりが逆に教えられる。それも育成の喜びである。

識字学習が育むもの

マリはフランスから一九六〇年に独立後、一九九〇年頃から識字教育の普及が始まった。各村で識字教師の育成からスタートさせ、私もマリ滞在二年目に、政府が普及を進める現地語の識字学習の指導者研修会を、村から選ばれた男女二〇人と一緒に受講した。所属したコマカン協会がボランティア活動をしていたマディナ村を私が初めて訪問した時であった。当時、現地リーダーの獣医師である青年に「マディナで働くなら、一緒に研修会へ参加しなさい」と言われたのである。研修会に選ばれた人は短期間でも小学校に通ったことがある人たちだ。

毎日午後に始まる研修会は、男女別々の教室だった。指導者はバマコの識字教育振興庁（ディナフィラ）から三名が派遣された。特にリーダーの女性は上から目線で、村の人に対する横柄な態度を見ると、同国人の間にも差別があることがはっきりわかった。

女性の研修生は皆主婦たちで、親しみやすく親切で一緒に学ぶのが楽しい。私のほんの少しばかりのフランス語も理解してくれて嬉しかった。ここで友人ができたことは大きな収穫であった。

その後に関わったバブグ村もコニナ村も、カラが活動拠点にした多くの村がバンバラ人の村であるからバンバラ語が日常で使われている。識字学習は年齢や性別に関係なく参加でき、無料だ。小学校のない村では子どもたちも参加していた。

村のたいていの青年たちは「文字を知りたい、書くことや読むことができるようになりたい」と口にしていた。彼らは、自分たちに教育が必要であることを十分に知っていたからだ。けれども女性たちにはその意欲は低かった。やがて、各村で立ち上げた女性野菜園の自主管理委員会の運営や記録にも文字が必要であるから、女性が「字を書けるようにならなければ」と自覚するようになった。女性委員会でも代表や書記、会計、広報などの役職に就くので、文字の必要性を知ったようであった。

文字が書けないために起こる悲しい現実もあった。嫁いだ先で夫が海外へ出稼ぎに行き、何年も留守にして帰って来ない。出稼ぎは親族一同を代表してのことだから、親族一同の命を支える仕事ともいえる。家族は無事を祈り、待つことしかできない。さすがに何年も夫を待っている妻を気遣い、家族会議を開いて離縁させ、実家に帰すことにした。そうすれば、他家にまた嫁に行ける、との親切な思いだった。

しかしその三か月後に夫が帰郷したという。もし夫も妻も文字が書ければ、手紙を出すことができて離縁はなかったはずである。田舎にはポストも郵便局もないが、バスの運転手や、人から人へと頼むとちゃんと郵便物は届くのである。嫁ぎ先でジーっと夫の帰りを待っていたであろう妻の気持ちを思うと、何とも気の毒な話である。

ただ、この現地語の学習については、本音を言えば疑問に思っていた。マリは公用語がフランス語である。それを学んだほうが有効であろうに、なぜ現地語の読み書きを学ばせるのだろう。文字を書くことや読むことを知った喜びが学校教育の普及につながり、就学児童を増やすことが政府の狙いであろうか。あるいは、多民族の国で一民族の文字を普及させることは、民族間の闘争を引き起こすきっかけになることもある。それぞれの言葉を普及、指導することは、彼ら固有の文化を尊重し、平和を保つための手段としているのではないか、とも考えた。

優秀なマリ人であっても医療研修に派遣するには、公用語であるフランス語ができることが条件になっている。医療機関で使う資機材や薬品はすべてフランス語表記だからという。しかし医師も看護師や助産師も、患者とは現地語で話すから、かなり矛盾しているように思う。また、学校の教育も同様で、教材はフランス語だ。子どもたちはフランス語を学んでいるが、帰宅すると、学校に通えずフランス語を学ぶ機会を逸した親など家族とは現地語で話すからなかなか身に付かないという。

このような状況を見聞きしていると、国は、国民の事情を無視して決めたことを推し進めているように見える。マリの識字普及は世代間の端境期《はざかいき》にあると実感していた。

識字学習は、バンバラ語のアルファベットの読み方、書き方から始まる。十分な教材がないので、黒板に書いて学ぶ。アルファベットを学んだ後は、自分の名前や家族の名前、日時の読み方等、日常で役立つことを指導していた。算数では足し算、引き算、掛け算と割り算を教える。灯油ランプひとつだけのぼんやりした明かりの中での学習に「暗い、見えない」と文句を言う人は誰もいない。薄暗くて見えにくいので、懐中電灯で黒板を照らしてあげると「イニチェ（ありがとう）」と言ってくれた。

バブグ村で私は時々識字教師の真似ごとをしていた。その生徒の中にサンバクンバと呼ばれる少年がいた。なかなか文字の覚えが悪く、皆からからかわれていた。ある日、自宅の軒先で、腕時計をじっと見つめ、数字を読んでいるサンバに出会った。「サンバ、ママに時計を買ってもらったの」と聞くと「ウン」と嬉しそうだった。時計を買い与えた母親の気持ち、そして、サンバの嬉しそうな顔を見て、文字を学ぶことが人々の中に育っているのだと、心温まるものを感じた。それから彼は皆と同じレベルに達していった。

バブグ村の青年をカラのスタッフのアシスタントとして五名採用して、周辺の村の識字学習の状況を視察した。以前、村の識字教師育成の研修会があったことはそれなりに知っていたが、識字教室を開催している村はその時ほとんどなかった。過去に土レンガで建設された識字教室の建物も完全に崩壊していて、学習の場がない村もあった。カラは、識字学習を普及させるため、バマコの識字教育振興庁の許可を得て、専門家を招いて村の教師育成会を一週間開催することにした。同時に、崩壊した識字教室の再建に取り掛かった。

この研修会の開催をドゥンバ郡とクーラ郡の村々に知らせ、各村から二、三名の参加者を選ぶように依頼した。研修会には毎年十村以上からの申し込みがあり、数年間継続して村の識字教師を育てた。その結果、村に識字教室が開設され、教材が整えられた後は彼らが教鞭《きょうべん》を執り、識字学習が実施できるようになった。周辺の村で学習熱が高まると、更に遠くの村からも識字教室の開設依頼が届き、カラもそれに応えて教室の建設を進めた。

しかしこの研修会に興味を示さない村もあった。そのひとつのサナマニ村を訪れ、村長に尋ねた。

「あなたの村の人たちは読み書きの勉強をしないの？」

すると村長は「教育を受けると若者は都会へ出て行ってしまうから、必要ない」と答え、「コーランだけ覚えれば十分だ」とにべもなかった。

その頃カラは、識字教育振興庁から地域の識字学習の指導的立場として認められていたので、マリ政府が開催する識字の日のイベントにも参加していた。ある年、カラの活動地域内のバナニ村が識字学習優秀村として表彰された。それが刺激となり、サナマニ村でも「うちの村も始めるか」と、遅ればせながら識字教室開設の要請があり、教室を建設することになった。村長とは異なり、若者たちは強く村の発展を望んでいた。

サナマニ村には小学校がないので、識字学習自主管理委員会は、多くの子どもたちが識字教室で学ぶことに力を入れた。熱心に村の家々を訪ね、識字教室へ子どもを通わせるよう勧誘していた。学習に欠席した時の届け出や、無断欠席は退学させる等、厳しいルールも決めたので、この村では昼間は子どもが学び、夜間は成人が学習するようになった。成長を間近に感じる喜びであった。

識字学習で優秀な成績を収めると、当然のことながら村で尊重されるようになり、各事業の自主管理委員会などで代表や役員などに推薦されるようになった。後は、得た知識がいかに有効であるかということを自覚し、理解してもらうことも必要だ。私がバマコに行く際、村人から資材の買い物を頼まれた時には「紙に書いてきて」と言って、「アラ、うまく書けるようになったじゃない、良かったね」と褒めて学習のモチベーションを高めるようにした。

ひとつの村でも識字学習に熱心になると、周辺の村も真似るようになり、識字学習に力を注ぐようになった。われわれも根気よく忍耐強く何度も何度も説明することが必要であった。村の人たちが新しいことを受け入れるには、かなりの時間と手間が必要であるが、一旦理解すると真摯に従順に応えてくれた。

識字学習は人を育てるだけでなく、村の発展を望む若者たちや女性たちの希望と行動力を育むことでもあった。

引き際の判断

カラは、二〇〇〇年まで活動していたバブグ村の周囲にある五七村でも、自立を目的とした開発事業を村の意識に合わせて行ってきた。それぞれの村ごとに意識がかなり違っているから、すべて同じ事業を実施したわけではない。その村の人たちに可能な事業、好む事業を聞きながら進めた。当初は、支援してもらうという意識が強く、自立に無関心な村のほうが多かったかもしれないが、ある村が変わってきて、良い状況になっていくのを目のあたりにすると、真似しようと思ったのであろう。しだいに、自発的にカラへ支援事業を依頼する村が多くなってきた。

六年間、日々村々を訪ね歩き、変わりゆく状況を見て回った。そして、これ以上この地に留まることは、逆に彼らの依存心を強め、村間の折り合いを悪化させるのではないかと考え、手を引く時期がきたと判断した。

もちろん、この地域すべての村が支援を受けて開発が進んだわけではない。村によっては、現状のままで良しと支援を求めなかったり、長老の権力が強くて、若者が新しいことに挑戦するのをよく思わず事業が進まなかったりすることもあった。そうした村を動かすには時間が必要である。目に見える成果、実感する結果が浸透すれば、人々を動かす原動力につながる。やがて気が付き変わっていくしかない。そう考えてバブグ村の周囲の支援は打ち切ることを決心した。

支援を続けていると当然良いことばかりではない。私は途上国における支援とは何かを学ばぬままこの仕事に飛び込み、経験をもとに現場を見ながら考えて活動を続けてきた。そのために、事業の立案には、それが的確であるかどうかが常に不安であった。事業の結果を見て、その都度功罪を判断していた。

事業の結果が功罪の「罪」とならないように考え、見極めることは常に大変であった。つまり「やりすぎ」はいけないし、「やり足りない」のも問題がある。支援の加減が大切だ。村の人の要請をうのみにすることは、自立心を妨げる結果になる。それぞれ村の性格があり、人が相手のことである。支援の塩梅《あんばい》には細心の注意を払う日々だった。加えて、日本の公共の支援団体からの「何年経ったら自立できるか」とか「何本、木を植えなさい」といった現状を理解していない指示には閉口した。

バブグ村を出るにあたり、カラで働いていた村出身のアシスタントスタッフに、継続して毎月の活動報告書を提出するように義務付けた。彼らを指導者として育成してきたわれわれの成果が試されるのである。

「これからは、あなたたちが学び覚えたことで村の人たちを支えるようにしなさい」

私はそう言い、卒業証書を授与したような誇りと喜びを胸にバブグ村を去った。

育て、育てられる関係

バブグ村は私にとって初めて自分で立ち上げた支援事業の場であった。多くの戸惑いや困難なこともあったが、常に、もし自分がこの立場であったならと考えていた。私を取り巻く村の人々は純粋で親切であり、経験から得た知恵や能力を持っていることも知った。もしかしたら、私は支援したのではなく、彼らから支援の仕方や推進する力を支援されていたのかもしれない。育ててもらったことは確かである。

住めば都というが、まさにそのとおりで、村に電気、電話、テレビ、ガス、水道など文明的なものが何ひとつとしてなくても、不便に感じたことはなかった。暗くなったら寝て、明るくなったら起きて仕事をする。自然のサイクルに沿った生き方に不満はなく、村に馴《な》染《じ》み、前世はアフリカ人だったのではと思うことさえあった。

意識の違いから村の人とぶつかり合うこともあったが、そんな時は丁寧に穏やかに説明すると、われわれの申し出を理解し、真摯に受け止めて、彼らは積極的な行動で示してくれた。

識字教師の育成研修会を開く時もそうであった。研修会は、主催者側が招待するという意識が慣習的にあり、遠い村から来る参加者には、寝る場所から洗面用具まで揃える必要があった。更に食事も三食を提供するので、かなりの経費がかかってしまう。加えて煮炊き担当の女性を頼む必要もあった。

研修生たちは、通常あまり食べることのない米を食べられる、という楽しみも研修会に期待している。これらの費用は、指導する専門家に支払う講師料よりもはるかに多額だ。そのため、研修会を実施したいが経費が足りないと悩み、資金捻出に苦労する。結局私が負担せざるを得なかった。

私は一大決心をし、「今回の研修会から、参加者は村から通ってもらう。カラには泊めない、食事も出さない」と宣言した。スタッフは笑って「エッ、それじゃ誰も来ないよ」と言い張った。しかし私は「自分が学ぶのになぜわれわれが費用を出すのか。義務教育の小学校でも親は学校へ授業料を出して子どもに教育を受けさせているではないか。カラに授業料を払わないで済むのに、なぜごちそうまでするのか」と絶対に譲らなかった。「絶対に来ない」と彼らが言う中、「来なくてもいいから、まあ一度やってみよう。カラは資金がなくなったから食事を出せないが、識字教師育成の研修会は約束どおり実施する。それでもよかったら出席しなさい、と各村へ伝えて」と宣言した。

スタッフはしぶしぶ村へ伝えたと思う。しかし、村人のほうが賢かった。彼らは、これまで同様、研修会へ出席したのである。そして「いつもの研修会より早く開始して、一二時には終わるようにしてくれ」と案を出してきた。快く承諾した。別の村からは、「各自トウジンビエを持参して、煮炊きして食べるから午後も実施してほしい」との要請があったが、これは断った。われわれも研修会に参加してもらいたいからと甘やかしてはいけないと自重した。

カラのスタッフに対しても思うところがあった。彼らは組織にいて給料が出る。その状況に慣れてしまうと村人同様に甘い考えが先行しがちになった。それではダメなのである。彼らだって開発途上国に住む同じマリ人だ。村人との違いは、義務教育を終えているからフランス語を話せて書くことができ、学業を積んでいることだろう。しかし、意識の面では村の人より固定観念が強く、出身民族への意識も強いように感じる。

その例が、カラでは女性の地位向上を大切に考えているのに、スタッフは第二、第三夫人を娶《めと》ることである。厚かましいのは、寄宿している同じ場所に第三夫人の住まいを建ててくれと言ってきた。しかも、第二夫人の子どもをカラで働く第一夫人に活動指導の傍ら育てさせようとしていたのである。それを断固拒否する私と大げんかになった。彼の言い分は「これがわれわれのしきたりだから」だった。男性が定職に就いて給料を得るようになると、親族長が第二、第三の妻をもらうように勧めるという。そうすることで男の地位が上がるという考えだ。私にはとても理解できるものではないが、彼らにとっては大事なのであろう。しかし、彼らスタッフは常に指導的立場にいるのだから、カラの一員としてそれなりの意識を持ってほしかった。

研修会の一件は、彼らにとっても活動の本質と向き合い、固定観念を改める機会にできたと思う。国、民族、文化、宗教、環境は違っても、本質を共有し、一歩ずつ確認しながら付き合えば、理解し合うことができると信じたい。互いを育て、育てられる関係を築くことに近道も遠回りもないのである。

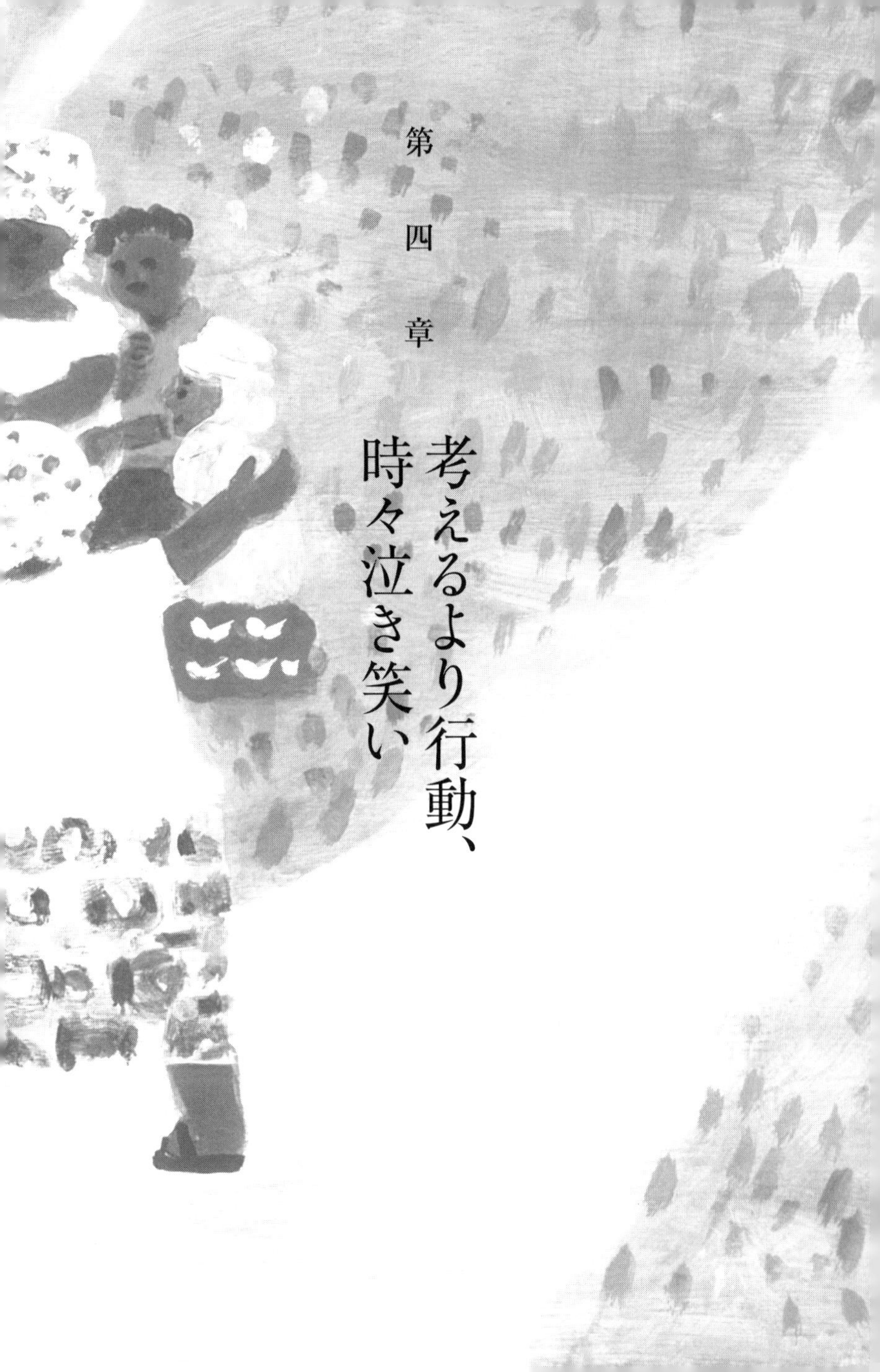

第四章

考えるより行動、時々泣き笑い

不遇な時期

日本で講演を行うと、時々「一番つらかったことは？」と問われるのだが、私は自戒の念を込めて「日本人との関係」と答えている。マリへ渡り、一番のストレスだったのは、厳しい自然環境でも電気や水道のない生活でもなく、日本人同士の人間関係だったからである。

同じストレスでも、日本人から受けるストレスとマリ人から受けるストレスとでは大きく違った。たとえば、「時間を守りなさい」と言っても守らないマリ人は、そもそも時間のことなんて考えない。自然と共に生きてきた彼らには、「時間はいっぱいある。なぜそんなに急ぐのか」という考え方が根底にあるからだ。異なる文化と常識を互いが押し付けあっても解決に至ることはない。つまり、郷に入れば郷に従えと割り切れる。少々頭にくることもあるが、許せる範疇のストレスだ。

一方、日本人同士ではそうはいかないことが多かった。初めに参加した日本人が組織するＮＧＯでは、自分が招かれざるボランティアであったと思い知らされた。ボランティア活動の中心は、井戸の掘削や植林、農地開墾、農業指導など専門知識と体力勝負の仕事で、私はまったくの門外漢だった。そして、農業技術者の男性たちの中に子どもの医療活動を希望する女性がひとり、というかみ合わない状況に加え、「会の創立時から所属する人間ではない」と線を引く意識にはイジメに近いものを感じていた。常に疎外感を抱いていた私には、「何のために開業医を辞めてまでここに来たのか」と悔しい思いが積もるばかりであった。なお、一部の人たちはそのようでなかったことも述べておく。

私は与えられた仕事を必死で実行していった。経験したことのない肉体労働だったが、その後自分のプロジェクトを持った時に必ず役に立つと思った。しかし、何人かのスタッフとは感情の行き違いを感じながらの日々が続いた。

どのような支援活動も人がいなければ始まらない。活動をする人は誰であれ、役に立ち、助けになる良いことをしたいという思いを持っていることに変わりはない。私の場合、子どもの医療という目的と現実の違いが大きかったと思うけれど、なぜ排除し、非難するような態度を取るのであろうか。おおらかな自然を相手としている仕事であるから、おおらかな対人関係であってほしいと残念に思った。

そのような「不遇なムラカミ」状態は続いた。強いストレスを感じながらも大雑把な性格の私は、ダメならダメで違うことを考えようと行動に出た。まず、村に住んでいるマリ人の男性看護師を訪ねた。村の人たちの健康状況とこの地方の医療事情について聞くなどして、空いている時間を逆手に取り、有効に使うことにしたのである。また、立ちはだかる不遇な状況は、支援の本質について深く考え、NGOとしての在り方を学ぶ機会にした。私はくじけなかった。

しかし忍耐はここまで。次へ進むことに決めた。このNGOでのボランティア活動を辞めてバマコへ戻り、現地のNGOと出合ったのは前述のとおりである。念願がかなう活動ができるようになってからは、サハラの村でのことを思い出すことはなかった。

時間を取り戻すように一所懸命働いた。あの灼熱《しゃくねつ》の中で、来る日も来る日もバケツで井戸から水くみをし、村の人々と生活を共にし、衛生面や生活面で皆が望んでいたことをかなえるよう自立の方法を模索した。この時、自由に活動をさせてもらえたことは、後のカラの取り組みにも大きく影響したと思う。

もうひとつ、私にとって不遇といえることがあった。それは、どこの会、組織でもあり得ることではないかと思うが、われわれの団体も考え方の違いから、会を二分することになったのである。原因は事業管理の問題であった。日本からの資金で活動するから「管理方法は日本式に」という考えと、私が主張する「現地では現地の方法で」という考えとが一致を見なかったのである。私は会を辞退することを覚悟したが、結局、先方が出て行ったので、そのままマリで支援事業を継続することになった。

しかし、私は大学時代からの親友を失ってしまった。彼女は先方が組織した新しい会の代表に就任してしまったのである。ショックではあったが、彼女の選択だから仕方がない。私がマリへ向かう時に人生の大先輩が言った「たとえ親友と袖《そで》を分かつことがあっても、本来の思いを貫きなさい」という言葉が私の心にあった。去る者は追わず、である。一方、私は、東京事務局とマリ事務局の両サイドを背負うことになり、思いがけない資金の出資も課せられた。

人生で、不遇な時期はあって当たり前かもしれない。しかし、許容し難いストレスを長く抱える環境とは、自分を守る意味でも決別することが肝要である。自分が決めて行動に移せば、道は必ず拓けていく。私は、日本とマリの両所での仕事に没頭した。天然的楽天家の性格ゆえ嫌なことを考えている暇もなく、サラッと忘れさせてくれた。

不遇な時期は嫌な思いをたくさんするけれど、同じ失敗は繰り返さないと学習すればいいだけのことだ。今では、マリの人たちの熱心さにも恵まれ、それなりに良い思い出として残っている。紆余曲折《うよきょくせつ》はあったにせよ、これまでを振り返ると、嫌なことや強いストレスは通過点であり、苦しかった経験もすべてが糧になって今に至ったのは確かである。

夜のサハラ砂漠単独行

今でも鮮やかによみがえってくる思い出がある。それは「不遇なムラカミ」時代、サハラ砂漠での経験である。

村の近辺に、われわれが植林活動を行っていた広大な場所があった。一九五〇年頃までは東京都がすっぽり入るくらいの面積を持つ湖だったが、すっかり干上がってしまったのである。過去は避寒地として多くのヨーロッパ人が訪れていたという。

湖底だったところにテントを張って暮らしていたある日のこと。一日の仕事を終えて、私ひとりがベースキャンプのある村まで夜間に帰ることになった。私の足で砂丘を登って、下って約四〇分の行程である。男性スタッフが「北極星を目印に行けば村にたどり着くから」と教えてくれた。月明かりに照らされた砂丘は砂の美術館のようである。そんな砂丘を楽しみながらひたすら歩き続けていた。誰もいない砂丘には私の足跡だけが残っている。サハラは私だけのもの、と最上の夜間行であった。

しかし、その気分は一気にかき消されてしまった。風が吹いたかと思ったらにわかに、目安にしていた星は雲に覆われ、まったく見えない。それまでの状況が一変し、私は恐怖のどん底に突き落とされた。

「困った。どうしよう⁉」

私はパニックに陥ったが、一瞬立ち止まり、「落ち着け、落ち着け」と自分に言い聞かせていた。ふと、かつて友人が「砂漠で方角がわからなくなったら、窪みを探してそこで寝て、ジーッと朝まで待てば大丈夫」と言っていたことを思い出した。持つべきものは友である。

今夜は砂漠で寝るか、と決心して窪みを探していたら、突然、闇から「ムラカミ、お前の家は真っすぐだ」と男性の声が聞こえた。その男性はデート中であったようだ。親切な村人は恐怖のどん底から私を救ってくれたのだった。「ありがとう」と答え、再び砂漠を歩き出した。

やっとベースキャンプに着いた。疲れ切っていた私は、すぐ寝袋にくるまり寝てしまった。朝になって起き上がると、寝袋からザラザラと砂が零《こぼ》れ落ちてきた。夜中に発生した砂嵐で、テントの隙間から大量の砂が入り込んでいた。口の中ではじゃりじゃりと砂を噛《か》んだ。耳の中まで砂にまみれていた。

砂嵐は植栽した苗木の列を核にして、新しい砂丘を作ってしまうという。もしかしたら私も、人間砂丘になっていたかもしれなかった。

十把一絡げの功罪

支援の現場では遺憾な事態を目にすることがある。それは、援助物資が必要な人々の手に確実に渡っているとは限らないという事実だ。支援国は援助先へ物資が届けられたことに安心し、満足してはいけない。最後まで援助の結果を確認することが、絶対的に重要であると思い知らされた。支援する側の姿勢を毅然《きぜん》と示さなければ、いつまでも不正が横行し無駄になる支援が生じてしまうのである。

マリの新聞報道によると、過去に日本のＯＤＡ（政府開発援助）でマリに機械掘りによる手押しポンプ付きの深井戸五〇〇基を掘削する事業があった。しかし、予定の半分も完成していない。理由は、資金が途中で消えてしまったから、という内容だった。

日本からの支援によるものだけではない。私のプロジェクト近くの村にもこのような達成されないままの外国支援事業が放置されていた。そうした村から、カラに事業を完成させてほしいと要請がくる。バカな話である。小学校建設であったり、水道設置の放置であったりする。立派な給水塔までできているが、道路上に水道管がニョキニョキと顔を出したままだ。村の人たちは「マリの建築業者が資金を食ってしまった」と訴えていた。まったく哀れであり、迷惑するのは現地の人たちだ。不正を働いた人が当然悪いのであるが、これは建築業者側の問題だけではなく、援助する側にも責任放棄という大きな問題があるように私は思う。

マリの知人は、「支援国でも必ず最後まで資金が有効に使用されたか成果を確認する国と、資金を渡した後はあなたの国でどうとでもしなさい、という国がある。だからいつの間にか資金が消えてしまい、あやふやなまま支援事業の自然消滅が横行する。支援国は、与えた資金が有効に活用されたかどうかを、最後までチェックしないとダメだ」と言う。支援する側はもっと責任を持って管理すべきなのである。

更に、「資金を預かる立場の人は、貧しい人ではいけない。なぜなら家庭や親族が困った時にはどうしても、そちらへ資金を回してしまうのがアフリカの人情である。少し余裕のある人でなければいけない」と助言された。アフリカ人自らの言葉だけに説得力がある。スタッフの雇用には十分に気を付けなければならないと心した。

貧しい村人や小学校の生徒たちに配られる予定だった援助物資を心ない役人などがピンハネする状況もあった。食料不足のため途上国に支援された多くの物資が、必要な人の手に届かないところで消えている現実に腹が立ち、悲しくもあった。

もっとあきれた支援についていうと、マリの医療施設費に対する日本への要請について調べるため、当時マリ大使館を兼轄していた在セネガルの日本大使館の秘書官に付き添って病院を訪ねた時のことだ。この病院はマリで一番大きな病院で、さまざまな医療設備の支援を要請していた。私は医療の知識があるという理由で付き合うようにと言われた。

まず、過去に日本が支援した設備品を見て回ったら、日本製の大型冷蔵庫と手術室のレントゲンだったと思うが、どちらも故障したまま日本語の説明書付きで放置されていた。この手術室にはネズミが走り回っていた。私は案内のマリ外務省の役人に聞いた。

「なぜ使わないの」

「日本語の説明書があってもわれわれには理解できないから何もできない」

これが返ってきた答えだった。確かに、マリ人が日本語を学んで修理までこぎつけるのは容易ではない。彼らには「もらった物だから使えないのであればまたもらえばいい」とか、逆に非難するような「読めないものを寄越《よこ》して」といった意識がどこかあるようだった。

このように、良かろうと思って行った支援が放置されている現状を見た私は、彼らを非難するより先に、放置されずに済む支援方法があるのではないか、と改善の必要があることを痛感した。

マディナ村でも同じ矛盾に突き当たったことがある。数年前にイギリス人の青年がボランティアで村に来てパンの焼き方を指導したという。村の一角には、土製のパン焼き窯が野ざらしになっている。「なぜパンを焼かないの?」と聞くと、村の青年は「小麦粉が高くて買う金がない」と言った。支援の結果残された物は、彼らが使える道具になっていない。支援者が去れば、ただの無用の長物だ。

このような現実を直接見るたび、強い憤りを覚えた。支援は、国の見栄や自己満足のためであってはならない。支援は資金を出す側が中心ではないのである。現地に住む人たちを理解し、その環境と生活、意識に合う支援であってこそ、成果が見えてくる。日本人が便利、合理的と思っても、アフリカや他の国では役に立たない無駄なものになり得ることを心したい。

カラでは、放置されない支援の一案として、助成金を得て設置した深井戸が故障した時の対応策を講じた。故障の都度、バマコから修理専門家を呼ぶことはできない。井戸の使用頻度がかなり高いので(夜中でもガチャンガチャンと水くみの音がしている)、手押しポンプのハンドルが金属疲労で折れてしまったり、水をくみ上げる管の先に付いているフィルターが故障したりする。地下六〇メートル以上掘り下げて修理をすることもあり、費用も技術も大ごとだ。だから村人たちは、壊れた時は井戸に蓋をして放置し、次の井戸を掘るほうがいいと考える。しかし、村の人たちでもできる範囲の修理があるということで、専門家が修理技術指導の研修会を無料で行ってくれた。選ばれた青年たちは研修後、地域の井戸修理人として、要望のある村へ出かけて修理を行うようになった。一基の深井戸掘削は資金上も、水脈の探索も容易ではない。修理して使える井戸を有効活用するように改善されたのである。

ちぐはぐな支援について考えてみると、日本国内でも似たようなことがテレビや新聞で報道されているのではないだろうか。国を問わず政府や行政がやることはまず対象の枠を作り、十把一絡げ《じっぱひとからげ》で対応することがほとんどである。だから当事者が望む支援につながらないことが起こる。緊急事態発生当初はスピード感が求められるから、マニュアルに基づき一斉に同じ対応をすることが有効かもしれない。マニュアルは経験をふまえて更新しているであろうから、それはそれで結構なことである。

しかし、われわれのような自立を目的とした村落開発を行うNGOでは、十把一絡げとはいかない。現場を歩き、人々の声を聞き、現実に寄り添う。一過性で終わらない施策を立て、実行していかなければならない。限られた資金で有効な成果を上げるために、人を動かし、目指すゴールを現場と共有するリーダーシップも必要であろう。そのために、大きなことよりも小さなことに目を向け、より確実な支援を行う。これは、真にカラの支援が目指すものであり、大いに考えさせられる原点でもある。

代替案はいくらでもある

どれだけの村、どれだけの人にこれまで関わってきたか。厳密な数は不明であるし、数えることは苦手である。最初に関わったマディナ村とその周辺の村、ドゥンバ郡とクーラ郡、トゥグニ郡とシラコローラ郡、その他、私が名前を記憶していない郡の村々へも支援を行ってきた。特にマラリア予防の活動では、できる限り可能な資金を投じて多くの薬剤を購入し、カラの活動地域以外にも出かけた。バマコから北西へ移動し、セネガル国境沿いのカイの町方面の人たちへの薬剤の投与も行った。このことから考えると、延べ二〇万人以上に支援を行ったことになろうか。

ところが、継続していたマラリア予防活動を中止せざるを得なくなった。二〇〇六年、突然使用していた薬剤ニバキンの購入、販売、使用が禁止された時のことだ。

これまでのニバキンに代わって販売、使用され始めたのは中国製の新薬だった。しかし、この新薬を使用すると子どもが下痢を起こすなど、強い副作用が現れるという評判が立ち始めた。ニバキンはもともとフランス製で、今はマリでも生産しているので安価で購入できる利点もあり、いわゆる国民的薬剤だった。

このニバキン使用禁止については、米国と中国の利害関係が影響している、とカラの代表代行ジャワラ氏は説明した。開発途上国であるがゆえのことらしく腹立たしかった。途上国の統治は、常に大国の意に従わざるを得ない運命にあるのか。この国の統治は誰のため、何のためなのか、マリは何を目指しているのか、とジャワラ氏と話しながら更なる怒りを覚えた。

マリに長い間暮らしていると、いろいろな不条理に遭遇する。それまで誰でも診察していたフランス管理の診療所が、フランス人以外の受診を拒否するという事態に陥ったことがある。巷《ちまた》の噂では、マリ政府がフランス政府の意に沿わなかったことが起因というが、その詳細はわからない。たまたま私が予防接種を受けに行った時も拒否されてしまった。

「この診療所はフランス人のための診療所なのよ。だからあなたの診察はしません」

診療所の受付のフランス人に上から目線でそう言われたのである。大使館内の医務室ならともかく、街の雑踏の中にある診療所で何とも腹立たしい出来事だった。

そうした経験から、途上国（宗主国から独立した場合はなおさら！）に住むということは、明日の命は保証されず、恐怖と忍耐が共存する中で生きていくことであるように思った。しかし、そこでくじけるわけにはいかない。命を守る代替案はいくらでもあるはずだ。

マラリア予防事業の中止後は、腸内寄生虫駆除薬の投与に力を入れた。この事業には、母親たちの強い希望があった。薬剤名はベルモックスといい、二日間連続して投与する。加えて、衛生管理や病気予防の知識をいろいろな面から啓発することを試みた。

そのひとつが知識普及の標示板の設置だ。月替わりでテーマを変えて知識を普及させる。村の人たちが識字教室でバンバラ語を覚えた頃を見計らって、絵を交えてわかりやすく看板に記した。また、私はスタッフと教科書を作成し、識字教師を書き手とした。

内容は、季節に合わせて日常生活に密着したことが多い。カリテの実が付く頃には、その実を食べて下痢になる子どもが多いのでその予防、ハルマッタン（焼けつくような季節風）が運んでくる流行性髄膜炎の予防、マラリア予防（蚊帳を使う）、たまに通る自動車の前に子どもたちが飛び出さないように、また裸足《はだし》で蛇に咬まれないように、そして、ユニセフの予防接種を受けることも書いた。

農閑期に入ると、男性たちに時間ができるのでトイレの建設を頼んだ。自宅にトイレがないので、公共広場などに公衆トイレの設置を望む女性たちからの声が強かった。毎週同じ日に開かれる村の市場、村立小学校、女性センター、識字教室の横にも建設した。

トイレは、従来と同じくみ取り式のボットントイレだが、セメント造りのモダンな建物だったので村人からは好まれた。トイレ建設の陣頭指揮を執るのはカラのスタッフのドラマンだ。私は進言した。

「屋根があるほうが雨に濡《ぬ》れなくていいのでは」

「屋根を付けると臭いがこもるので好まれない」

「じゃあ、雨の夜は傘をさして用を足すの？」

ふたりして笑って話した。

「入口に戸を付けたら」と聞くと、「トタンを欲しい人が多いから戸を付けるとすぐに戸が盗まれる」と言う。確かに以前コッサバ村で見たCED小学校（村の発展のための小学校）は教室の窓も入口のドアもすべて盗み取られてなくなっていた。

ちなみに、戸が付いていないトイレの入口は、曲がって中に入るようになっていて、トイレを使う時は「トントン」と声をかけるか、入口に置いてある水を流すためのヤカンがないのを見て、使用中かどうかを確認する。このボットントイレだが、いっぱいになったら土で蓋をしておくと、数年でいい土壌になるという。アフリカは土地が広いからまた違う場所にトイレを作る、という話だ。

トイレの建設に関わったわれわれは、各家庭にトイレを設置することをひそかに願ったが、バブグ村では二軒だけが土レンガで自宅にトイレを建設するに留まった。

健康な生活を守るための活動は、与えられた条件が変化する中であっても、人々の可能な範囲で適したことをやり尽くしてきたと思う。活動は多岐にわたる。村の人たちの関心を引き付け、彼らを中心にして活動を行い、そこから生まれる信頼感が成果を増幅させていった。主役はこの国に住む彼らなのである。

緑化に対する意識の違い

ユーカリを育てるには多くの水が必要となることから、ユーカリの植栽には否定的な意見もあるが、マリでは建設のために絶対的に必要な木だ。径が二〇センチ以上になると伐採でき、真っすぐに成長したユーカリは部屋の天井のセメントが乾燥するまでの支えとして使う。ユーカリは一回伐採してもまた横から生えてくるので、再度使用が可能だ。一方で、薪炭材として有効なメリナはなかなか根付かない。生産にも消費にもそれぞれの国の事情があり、教科書どおりにはいかない。

現場にいる私にとって、植栽後の活着率（苗の根付き率）が何パーセントかと助成元から尋ねられることは非常なストレスだった。助成元が、事業で成果が上がることを望むのは理解できるが、たとえ井戸を掘削しても、降雨の少ない地域ですぐに高い活着率を得ることは無理である。数ある事業のうち、一番頭を悩まされたのが成果が出にくい植林事業であった。

日本の郵政省が国際ボランティア貯金の利息を途上国支援のＮＧＯに寄付していた一九九六年に、郵政省主催で、海外で活動しているＮＧＯ参加のパネルディスカッションが東京のメルパルクホールで開催された。カラはその制度の助成を毎年受けていたことからアフリカ代表で選ばれ、パネリストとしてジャワラ氏が参加し、夫妻で来日した。その折を利用して、外務省へ現地事業の報告に伺った。外務省のビルから見える周辺の緑を眺めてジャワラ氏は言った。

「日本はこんなに木が多くあり、緑に囲まれて生活している。日本人が木を好きな理由がわかった。だから植林事業に力を入れるんだ」

私はこの言葉にいささか驚き、砂漠化の進む国に住んでいながらその危険性を考えないのだろうか、マリでも高い教養のある人なのに、と思った。

ジャワラ氏が住んでいるバマコは大都会であり、家事にはコートジボワールから輸入されるプロパンガスを使用している。安価な薪や炭なども多くの市民に使われているが、伐採と密接な関係にある植栽についてはあまり注意を払わないのかもしれない。

降雨の少ないマリでは、せっかく植えても枯れてしまう木が多く、一本伐採したら少なくとも五本を植える必要があるといわれている。薪のための伐採を止めさせることは難しい。しかし伐採すれば砂漠化は確実に進行してしまうのだ。

ジャワラ氏に「村から運ばれる薪は人口の多いバマコ市民向けだから、別途、バマコ市民用の薪炭地を造成して、バマコ市民が植栽すればいいのに」と進言したことがあった。しかし彼の考えでは、木を植えるのは田舎の人たちの仕事だという。砂漠化の進行を食い止めることについて、現場や前線に住む人たちの意識は薄く、村人に自然保護を謳《うた》っても「ウンウン、そうだ」と言うだけで、現実との違和感を覚えることが多かった。

それでも、やがて村に植えた木が美しく並木に育つと「あそこの村の並木はきれいだなあ」と評判になり、うちの村でも植えたいと意欲が湧くのもアフリカ人である。「イリ　カイン（木はいいものだ）。大きく育ったニームが道の両側にあってとてもきれいだった。ムラカミ、うちの村でも植えよう」

このカラのスタッフのイブラヒムの言葉が、カラの植林活動を更に後押しした。なるほど、百聞は一見にしかず。砂漠化や自然保護について話すことより視覚に訴えるほうが、確実に興味を引く手段だったのである。

最大の失敗

もし支援事業で一番重要なことは何か、と尋ねられたら、即座に「忍耐」と答える。多くの意味での忍耐である。そして、自分が村に住むアフリカ人であったらと常に考えることも、シンプルだが真の支援に通じると思っている。

では、私の最大の失敗は何だったのか。それは、カラが初めて行った支援事業をバブグ村で集中的に展開していったことだ。バブグ村の暮らしが改善されていく様を見た周囲の村から強い嫉妬を招くことになってしまったのは、前述のとおりである。まさか嫉妬などと思っていたが、「ムラカミは俺たちの村が嫌いなんだ」と彼らが口々にひがむ言葉をスタッフから聞いて驚いた。村が村に嫉妬するとは、村人が嫉妬深いということであろう。誤解は解かねばならない。

周辺の村との親睦を図るために、カラカップと称して草野球ならぬ草サッカー大会を開催した。ところがバブグ村が二回連続して優勝したため、人々のバブグ村に対する嫉妬は増大してしまった。運転手のセイドウは、「ムラカミさん、アフリカの男の嫉妬心は強いよ」と教えてくれた。

「ほら、やっぱりカラはバブグ村だけをかわいがって、他の村を嫌っている。バブグ村には悪魔が住んでいるんだ」という噂まで広がった。そのせいか、三回目のサッカー大会では試合が始まる前から、ひとりの青年がコートの周りをブツブツ何かを唱えながら全試合が終わるまで回り続けていた。不審に思って聞いてみた。

「何をしていたの」

「悪魔除けを唱えていた」

青年の言い分は、嫉妬の根深さなのか、信心深いのか、私にはよくわからなかった。嫉妬心が強いというのは、それだけ自分たちの苦しい状況を、どうにかしてほしいと思う切実さなのかもしれないと受け止めた。私はこれまで以上に周辺の村からの要望に気を遣い、できるだけ受け入れていった。

国が違い、意識が違う途上国の人を対象にした事業であるとはいえ、丁寧に付き合えばわれわれの意図することを素直に理解してくれる。就学経験がないのも文字を知らないのも、たまたま環境がそうさせただけであり、彼らが望んだことではない。アフリカには自由な発想を持つ優秀な人がたくさんいるけれど、読み書きを学ぶ機会を逸してしまうことで、その能力を発揮しづらいのである。その代わり、記憶力が抜群だ。彼らに接していると、私たちは学習する機会に恵まれてきたがゆえに、あちらこちらへ関心が広がりすぎて傑出した能力につながりにくいのではないかとさえ思えてくる。

確かに日々の生活は日本と比較すると貧しい。だからといって卑屈でもなく、村の人たちはプライドを持って生きている。そのような人々にお世辞も施しも不要だ。常に人種や国境を超えて本音で忍耐強く話し合う。隣に住む友人と思い接することが重要だった。それが理解を深め、信頼関係を築く基本であるし、支援の成果に結びつくという確信も得た。

この経験から次のプロジェクトに取り組む地域では、ローカル事務所を二か所の村に開設し、複数の村で同時に支援事業をスタートさせた。私が行ってきた支援事業は、日本の三・三倍もある広いマリのほんの一部にしか届かない。しかし、成果が彼らの生活にメリットを与えていれば、それはいつしか広がり、生活に適したように改善されていくであろう。うまくいかないことがあっても、試行錯誤の積み重ねがやがて実を結ぶ。私は彼らに大きな期待を持っている。

より良い結果を得るために

バマコの事務局と北方の支援地域コニナ村を往復する際、カラの活動地域に入ると、街道筋にある村の畑に青々と育った野菜を目にすることができる。そして時には女性センターで石けん作りをする女性たちが遠目に見える。造成林にはカシューナッツやマンゴーが実るようになった。女性たちは、カラの指導がなくても自由な発想で行動し収入を得るようになった。産院で働く助産師や看護師は、互いに相談し合っている。これらすべてが、マリの女性たちが自らの強い気持ちで立ち上がろうと、知りたかった知識を得て、日々積極的に生きているからに他ならない。

そんな状況を見て、既にこの地域に来て、ほぼ一五年も過ぎたことに思いを馳《は》せた。これから後は村の人たち自身で考えて行動するほうが、更に村の発展と人々の意識の向上につながるだろう。根本的に彼らの健康や生活は彼ら自身が築き上げるものであり、その日常生活に最低限必要なことは支援してきた。トゥグニ郡周辺の支援からカラが手を引くと、スタッフは職を失うことになるが、スタッフもアフリカ人である。村人同様に他に頼らないで、自立するひとりであってほしいと願い、この地を去る決断をした。

以前の支援地であったバブグ村のあるドゥンバ郡とここコニナ村のトゥグニ郡で支援事業の成果を比較すると、まったく同じ事業を両郡で実施してきたのに、明らかにトゥグニ郡の成果が大きかった。都市部からの距離や自然環境の問題から不利であるはずのトゥグニ郡のほうが目覚ましい成果を上げたのである。

なぜそのような結果になったのか。それは、支援事業に対する意識や興味の持ち方の違い、人々の理解の早さと真摯な態度であったと思う。トゥグニ郡の人たちは、ドゥンバ郡でカラが実施していた支援事業を横目で見て、カラとの付き合い方を察知していたのであろう。自分たちの村では何がしたいと具体案を持って、実に賢く要領よくカラに接してきた。女性たちは、新しいことに積極的に挑戦する勇気を持ち合わせていた。その最たるものが女性小規模貸付事業の発展だった。彼女たちの熱意と勤勉さは、村落開発事業が資金の多少を問わず、人の行動と意識の動きに左右されるものであることを知るのに十分であった。もっと地域が互いに刺激し合い、競うような面があってもいいのかもしれない。競争があるからこそ進歩発展につながっていくのではないか、と事業の新機軸を出すきっかけにもなった。

この間、私自身のことでいえば、マリの農村地域で貧困と闘う人々の望むことや、その支援の方法が曲がりなりにも見えてきた結果、自分なりのマニュアルが頭に刻み込まれ、余裕が生まれていた。当初は何かに追われるように毎日全力で駆け抜けてきたが、一歩引いて村の人たちを見て、付き合うことができるようになっていた。ある面ではスタッフに任せられるようになったことも大きかった。

ひいては、事業が思うように進まなくても、村の人にとっては必要なことであるから、時間が経つと必ず結果が生まれ、人々の中に溶け込み、彼らのものになっていくことが推測できるようになった。

問題を解決するということは、新たな問題を発見することでもある。より良い結果を得るためには、順序を踏まなければ目的に到達できない。忍耐強く、繰り返し続けることが不可欠である。そう確信するに至った。

第五章

ゼロで生まれて
ゼロに終わる

大きな転機

カラは長きにわたり種々の事業に同時進行で取り組んできた。多い時は、活動地域が八〇以上の村に及ぶこともあった。活動二〇年超を経た二〇一五年頃には、カラ設立の目的でもある、農村地域の人たちの自立する姿勢が明白に見られるようになった。気付けば、私は七五歳を迎えていた。そろそろ支援事業の最前線から退くことを決め、準備に入った。村の人たちがカラに依存しすぎないように、私が日本にいる期間をだんだん長くしていき、村のスタッフに任せる。そう計画を立て、数年かけてシフトしていった。村の人たちは、われわれがいなくなった後が、真の自立の道を進めるかどうかの試金石となるのである。

またその頃は、マリ政府に対する軍部の不穏な動きが高まり、これまで以上に滞在が危険な状況になってきた時でもあった。現地を撤退する二〇一七年頃からは、マリ北部のイスラム過激派による闘争、都市部での外国人誘拐や外国籍ＮＧＯスタッフの殺害、その家族の誘拐などが起きていた。このような状況を鑑みて、日本政府はマリへの渡航自粛を勧告した。したがって活動の規模は縮小せざるを得ず、村にアシスタントスタッフひとりを連絡係として配置するなど最小限の人数にして、やむを得ず撤退することとなった。マリの活動縮小に伴い、以前より主に産院や学校建設のための助成金申請や資金援助をバックアップしてきたカラの東京事務局も、経費削減のため移転を余儀なくされた。

これらの事情を踏まえ、私は決断した。

「特定非営利活動法人としてのカラを解散し、改めて会員制の任意団体『カラ西アフリカ農村自立協力会』として再出発する」

すべては流れのままに大きな転機を迎えた。二〇一七年四月一日以後は、東京をベースにした任意団体として、マリ農村部においての支援活動を継続している。幸いなことに日本の支援者の方々に支えられ、これまで関わってきた地域でまだ産院や女性センター、そして識字教室等が設備されていない村々での小規模な建設事業や助産師育成のサポートを行っている。

改めて、カラがマリ各地で行ってきた建設、設置、人材育成などの活動を記す。

一　小学校二一校、中学校三校

二　産院・診療所一六院

三　識字教室七〇か所、女性センター一九か所

四　深井戸掘削七一基、浅井戸掘削八〇基、トイレ設置三〇基

五　野菜園三四か所、造成林二〇か所

六　助産師・看護師の養成一六人、女性健康普及員の養成二〇七人

七　マラリア予防、腸内寄生虫駆除、エイズ予防

私は二〇一九年にマリへ渡航した。しかし、在マリ日本国大使館から厳重に注意され、安全上の理由から支援した村々を訪れることはできなかった。再度、二〇二二年に渡航を計画した時も、「入国はできるが地方の活動地域へ行くことはできない」と在マリ日本国大使館から同様の勧告があり、渡航を諦めた経緯がある。

この状況はカラだけではなく、他の外国籍ＮＧＯの支援活動にも非常に大きく影響していた。マリ国内でフランス人ジャーナリストがイスラム過激派によって誘拐される事件も発生しており、外国人滞在者にも危険が及び、すべての人の日常生活が脅かされていると いう。そのため、私たちは外国籍ＮＧＯと共に、カラの活動地域であるクリコロ県庁や郡長に再三相談をして、「このような時こそ支援が必要であり、支援の安全を保障するべきだ」

とマリ政府に申し立てた。

二〇二三年、予定よりかなり遅れたが、クリコロ県の医療を統括するクリコロ病院長や保健省と相談して、ブラジェ村産院・診療所建設用資材を村に運び込んだ。ようやく、建設開始の見通しが立ったのである。しかし、再びイスラム過激派の襲撃がマリの南部へ広がり、カラの活動地域まで迫ってきた。シラコローラ村から北へ約二〇キロのバナンバ町やナラ町への襲撃が起き、そして、とうとうブラジェ村も襲撃を受けてしまった。

雨季は食料の端境期でこれから主食の種をまくタイミングなのに、村人たちは過激派が怖くて外に出ることができない。「食料が不足しているから支援してほしい」とその訴えは切実である。しかし村に食料を直接届けても、また襲撃の的になったり盗まれたりするだろう。そういうことを考えながら支援の方法を思案している。

つまり、お金があっても支援活動ができない現状にある。これほどのジレンマ、大きな転機があるだろうか。マリに限らず、アフリカ、中東、アジア諸国の各地で内紛やテロ襲撃事案が立て続けに起きている。現地に入って活動することが難しい時代になってしまったことが悔しく、憂うばかりである。

突然起こった惨事

二〇二三年六月一二日、カラのバマコ事務所のスタッフ、ラミン・ジャワラから電話が入った。

「ムラカミ、ブラジェ村で建設中の産院が破壊された。マソン（左官）もドゥグチギ（村長）も殺された」

いつもの元気な声とは違い、「誰？」と聞き返すほど沈んでいた。「なぜ？　誰に？」と聞き返すと、「真夜中にイスラム過激派がブラジェ村を襲撃した。バマコも非常に危険で街から出られず、ブラジェ村へ行くこともできない」と耳を疑うような報告だった。

ブラジェ村の産院は、雨季の農作業が始まる前に落成する予定であった。しかし完成間近に外装作業を行っていた時、惨事が起こり死者まで出てしまったのである。カラの活動地域に住む唯一のスタッフであるムーサ・ジャラからの連絡だけが頼りだが、彼も危険な状況のために他の村への往来が難しい。状況が落ち着くのを待つより方法がないが、惨事から一か月経っても、電話もメールでの連絡も現地からは途絶えていた。

その後のラミンからの報告では、危険な状況は依然として続き、カラの活動地域の村はイスラム過激派に支配され、農作業もできず、村の人たちは知人を頼って逃げているとのことだ。深刻な食料不足は長期にわたるだろう。これまで建設してきた小学校や産院・診療所はどうなっているのか。たくさんの家畜はどうなったのか。心配が絶えない日々が続いている。

イスラム過激派は「モスク（イスラム教の寺院）以外は建設してはダメだ」と言っているようだが、彼らが病気になったらどうするのか。盗んだ薬剤を使用するのだろうか。彼らも家族があり、また、襲われた苦しみを知っているだろうに、と思わずにはいられない。殺し合いが続くうちは人々の幸せはないだろう。ただ多くの若者は組織上部から洗脳され、給料をもらい、従っているだけで、「これも貧しさゆえか」と私は考えている。

もし、食べることや生活に困らない収入を得ることができるような国家プロジェクトが立ち上がれば、人を殺してお金をもらい生きていくような暮らしはしないはずである。マリ農村地域の自立活動を続け、成果を見てきたからこそ、私は国家レベルの大英断を切に願っている。

希望の光は消えてはいない

今回の食料援助について、最初は襲撃されたブラジェ村だけを考えていたが、公平にカラの活動対象村のうち、三二村に援助を検討することにした。しかし、現地のスタッフに支援額を見積もらせたら、食料援助は一村に対して五トンの主食のトウジンビエを要求してきた。小家族も大家族も考慮しないどんぶり勘定であろう。トラック一台分の量だ。何千万円も資金が必要になり、とても一任意団体で対応できる規模ではない。しかも、支援トラックが公然と襲撃されることが予測されるため、食料援助はやめることにした。

次いで要請があったのは、エボラ出血熱感染の消毒用に必要な液体石けんと消毒剤である。カラの助産師研修先でもあるバマコのアサコバファ診療所の院長からの要請だ。感染期間中、家族が何回となく使うのだから大量に必要である。予算を立てても莫大《ばくだい》な資金がいる。私は、予算額を見つめてため息をつくばかりである。政府や国際機関の支援だけでは足りないという。日本であれば自主的に購入して自主的に予防するが、途上国ではそうはいかないのであろう。何とも気の毒な状況ではないか。カラ自体もどんな要請にも応えられない現状を抱え、みじめなことである。

二〇二三年一一月、現地へ確認したら、モバ村やコニナ村のあるトゥグニ郡庁の職員は皆どこかへ逃げているという。また、新学期が始まったばかりであるのに、生徒たちはどうしているかと心配になる。

世界中で内紛や襲撃、侵攻事案が起こり、助成団体の支援は取り合いになっている。国家レベルにおいては何を優先するか、どこを優先するかの基準は、支援したことによりどれだけ国が評価され国力に影響があるかである。慈善だけでは選択される余地がない。

西アフリカで起こっている内紛は、領土の侵攻より民族間の闘争や宗教の問題が大きい。私は、先進国から資金が流れていなければ、過激派が活発に動けないはず、と踏んでいる。先進国は、サハラ砂漠やマリとギニアとの国境地域にある地下資源の利権を狙っているという。採掘産業は先進国が八割以上を搾取しているとまでいわれているのだ。この掘削作業には、マリの青年が多く働いている。カラが支援する村も同様で、青年たちが出稼ぎに行くため、村の労働力が不足する。掘削現場で働くと高額な賃金を得る反面、現地でのエイズの感染率も高いという。何を聞いても理不尽きわまりなく、怒りがこみ上げる。

しかし、希望の光は消えてはいない。建物は壊されても、お金があればまた造ることができる。今まで設立した産院・診療所も、村で運営している人たちがどうすれば再興できるか考えると思う。それだけの自立の土壌は作ってきたし、彼らの能力もある。イスラム過激派が引き揚げれば、時間がかかろうとも彼らは立ち直っていくと信じている。

未来に向かって

カラがマリでの支援活動に区切りを付けた時、それまでの業績を引き継ぎたいと、亡くなったジャワラ氏のふたりの息子ラミンとオマールが申し出た。彼らは父親が生存中から折に触れ、カラの事業を手伝ってくれていた。この申し出は、私に思いがけない驚きと喜びを与えた。その思いを受け止め、これからは「カラマリ（マリで活動するカラ）」として彼らなりの事業を立案し、事業費は日本からは捻出せず、彼ら自身が助成金の申請をすることを条件とした。

彼らはその条件を受け入れ、早速マリにある国際機関に申請し事業の許可を得ていた。

しかし、度重なるクーデターや新型コロナウイルス感染拡大のため、申請した事業の助成金は二〇二三年末時点で、まだ受け取っていない。カラの事務所があるバマコ市第五・六地域で、カラが村で行ってきた女性のための適正技術指導と同様な事業を請け負うよう行政からの指示があったが、この助成金も未《いま》だ受けられていない。すべての支援が打ち切られている状況だ。その中で事業を続けているのは、マリの人々が少しでも豊かに生きていくために歩みを止めてはならないという彼らの強い意志の賜物であろう。そして、遠く離れたアジアの国からやってきた日本人ムラカミとカラの三〇年に及ぶ活動を評価し、敬意を払ってくれているのではないか、とうぬぼれている。

貧しい国であろうと豊かな国であろうと、その国に生まれた人の才能は貧富とは関係がないと私は考えている。人間が持つ才能はどこに生まれても同じはずだ。幸運にして才能を生かす環境に生まれたか、才能が埋もれたままになるかの違いだ。村の人たちが文字を覚えたことにより想定以上の成果を出したのは、ある意味で才能を伸ばしたことだと思う。埋もれた才能を引き出して生かすこともカラの大事な仕事である。ジャワラ氏の息子たちにも続けていってほしいと切に願っている。

私が今、未来へ希望することは、村の人たちがこれまで培ってきたことをこの後も日々生かしていき、更に新しいことに気が付き、改善していくことである。また、ジャワラ氏の息子たちのような青年が多く出てリーダーとなり、自分の国のために考え、努力し、村に住む人たちを引っ張っていくようになってほしい。アフリカの青年たちの生きることに対する努力と積極性は、日本の青年たちよりもはるかに強いように感じる。それがこれから十分に生かされることを信じている。

未来の村はどうなっているだろうか。現在は年功序列で村長が決まるが、今後は、村長や郡長へ立候補する女性が出現するだろう。彼女たちが自由な発想で堂々と生きる姿が美しく見えてくる。将来は更に磨きがかかるであろう。

マリと盛岡をつなぐ

岩手県盛岡市は、県立盛岡第二高等学校出身の私にとってかけがえのない故郷である。

盛岡市が東京二〇二〇オリンピック・パラリンピックのホストタウンとして迎える対象

国を探していると、盛岡市役所勤務の後輩女性から聞いた時、短絡的な私はうかつにも、「アラ、マリはダメなの？　マリを推薦して」と言ってしまった。それがきっかけとなり、真面目で堅実な県民性そのものの盛岡広域スポーツコミッション前事務局長の細川恒さん、同主管の坂本淳さん、そして主任の佐藤玲奈さんに会った。

私は「マリ共和国のホストタウン受け入れに協力を惜しまない」と呼びかけ、交渉のアドバイスをするなどして準備を進めた。これまでマリの支援に関わってきたフランス語に堪能な大久保順代さん、榎本肇さんにもお手伝いをお願いした。そして、マリの柔道代表が盛岡市で東京オリンピックの事前合宿を行うことが決定した。ホストタウン受け入れの締結式で、私はマリ共和国側の代表としてサインしたことを、とても誇りに思う。

事前合宿中の日々の世話など、多くの負担を盛岡市民にかけることになるが、これまで所縁《ゆかり》がなかった盛岡市とマリ共和国が友好を結び、互いの国を理解する手段になってくれれば嬉しいことだ。練習場として盛岡市が提供してくれた武道館は、かつて盛岡の不来方《こずかた》城の近くにあったが、今は母校の前に移転して立派な佇《たたず》まいである。

しかし残念ながら、マリ柔道チームはアフリカ地区でのオリンピック出場予選試合で敗退してしまい、来日できなかった。いつか盛岡市にマリ人が柔道留学で滞在する時を心待ちにするばかりである。

また、盛岡市がマリのホストタウンになったことをきっかけに、ＳＤＧｓ推進を掲げる盛岡青年会議所はマリへの支援を検討する中、クリコロ県で女性のための識字教室「モリオカ ハウス」（仮称）を建設するプロジェクトを決めた。新たに女性の学習の場ができるのである。村の人たちの喜びは大きかった。二〇二一年三月の教室開始に向け、事業費約一〇〇万円は募金やクラウドファンディングを活用して調達した。

盛岡青年会議所のメンバーによると、地元企業から協力したいとの声が上がる他、盛岡市を拠点とするプロバスケットボールチーム「岩手ビッグブルズ」やプロサッカーチーム「いわてグルージャ盛岡」と一緒に募金活動が行われるなど「モリオカ ハウス」プロジェクトは活動の広がりを見せた。ホストタウンを通じて生まれたマリとのつながりをオリンピックが終わった後も続けていきたいとの思いに、私は心を打たれた。

ブラジェ村の産院建設資金の一部も、盛岡青年会議所メンバーのクラウドファンディングによるものであったが、完成間近の外装作業を行っていた時、前述のような惨事が起こり休止に至っている。

支援くださる方々に大変心苦しく思っているが、カラはどうすることもできない。現地の事情を察していただく他ないのである。

日本の若者たちに伝えたいこと

カラの支援事業について、高等学校の英語の教科書（ユニコーン）に掲載されたことがある。その教科書を授業に使用していた仙台の宮城学院中学校高等学校の生徒さんたちから直接電話をもらい、帰国時に講演を行った。それを機に、現在に至るまでの二〇年弱、生徒さんたちによるバザーや、保護者、教職員の方にご支援をいただいていることは感謝に堪えない。

その間、同校の鈴木理恵さん（当時は教員、現在は退職）はカラの活動地のコニナ村まで視察に来られた。村の女性のための適正技術で縫製を指導していただき、女性たちと交流を深めたことで、生徒さんたちがカラに強い信頼を寄せてくれるきっかけにもなった。「宮城学院創立百三十周年記念行事」（二〇一六年）では、現地スタッフのアワが招かれ、生徒さんたちと親しく交流した。

ある年、宮城学院を訪問し生徒さんたちのバザーを見学した。その時、マリの新生児の平均体重の人形と日本の新生児の平均体重の人形を作り、いかに違うかを展示しマリの現状を訴える生徒さんたちのアイデアに、私は感激した。二〇二三年も、遠藤純子先生の指導で生徒さんたちからの支援が続いている。とてもありがたく感謝の念が尽きない。

日本の次世代に期待することは、自分の国以外のことにも関心を持ち、そこに住む人たちの生き方を知ってほしいということである。環境や文化が違う生き方についてなぜそこに至ったのかを真剣に考えることで、自分の生きる道が拓けてくる。私自身、そう実感しているからだ。

日本に帰国するたびに、日本の若い人たちは他国の環境に対して興味関心が薄くなったように感じてきた。そういう状態になっていったのは、個人の考えというよりも国が便利で楽に生きやすい環境にしてきてしまったからだろう。そのほうがいい面ももちろんあるが、私は警鐘を鳴らしたい。

人によっては、インターネットで世界とつながっているつもりになっているかもしれない。でも、言葉というのは本来対面で発せられるものだと私は思う。考えや感情を表す心の機微がそこにはある。効率と利便性重視で何でもデジタル化されていく社会ではなく、直接個人と関わり、体温を感じる仕事や活動に目を向けてほしいと思う。

マリの子どもたちや青年たちは、家計を支えるため一〇代から働く。近隣諸国へ出稼ぎに行くことも依然少なくない。それでも、識字学習や就学率の向上により他国に対して幅広い関心を持つようになっていると思う。マディナ村出身のカラの元アシスタントスタッフは、フランス語や経済学を苦労して学び、サウジアラビアで貿易の事業を営むまでに成功した。今では故郷マリの若者たちの道を拓くサポートに尽力している。他国の環境を知ったからこそその生き方のひとつだ。

自分が何をやりたいのかわからず迷う人もいるだろう。やりたいことがあっても無理だと諦めてしまう人がいるかもしれない。そういう時は自分が好きと思えること、楽しいことは何か。やってみたいことは何か。なぜやってみないのか。できないと思う障壁は何なのか。足りないものは何なのか。そして、まずは行動に移してみる。そうすると必ず好きなこと、やりたいことが見つかる。好きなことは楽しいことだ。続けられるなら、うまくいかないことがあってもどうにかしようと工夫する力や積み重ねにつながる。私のマリでの日々がまさにそうであった。

ダメならまた次の好きから始めればいいだけだ。諦めないでほしいと思う。

特別ではない私

「あの人は特別だから」と言われることがとても嫌だ。私は特別ではないと思っている。日本では、ボランティア活動をしていることで変わった人ととらえられる場合がまだ多い。当たり前のように行っている身からすれば、楽しくてやり続けているだけである。もちろん、こんな理不尽なことがあっていいのか、と怒りに震えることも多かったが苦とは思わなかった。何とかしたい、これは私がやるべきことだと行動に移し、マリの人たちと喜びを重ねてきた。

自分の支援活動について、特別なことという意識はなく、「向こう三軒両隣で助け合う」

という感覚で、いわば日常生活の延長線上のように思ってきた。たまたまその場所が日本から遙《はる》か遠いアフリカの国であったにすぎない。生きるために必要で基本的に欠けている点を補い、マリの女性たちと共に行動してきただけである。小さな村の人々の試みが、大きな波になって広がると信じて今も活動を続けている。

私は自分を犠牲にしてでもやるのがボランティアだと思っている。犠牲というと語弊があるかもしれないが、ボランティアは相手があって行うものだ。自分中心では成り立たない。自分に不都合があってもそれが大した問題でなければ、相手の立場に立って力を尽くす。そういう意味での犠牲である。何も自分を犠牲にしてまですることではないと言う人がいるけれど、私はそれに対しては異を唱えたい。時間、お金、食べ物、衣服、住まい、利便性……何かをがまんしても自分が生きていけると思えれば、相手の苦労に重きを置いて行動したいのだ。相手からの見返りは必要ない。喜びを分かち合うことがどれほど幸せなことか。それだけで十分、精神的な報酬を得ていると思う。その気になれば誰にでもできることである。

意志を貫く迷いのない人生に見えるかもしれないが、そんなことはない。私の強みは、マリでの活動がどうにもならなかったら、日本に帰ってまた歯科医をやればいいと思えたことだろう。ある種の開き直りである。そう思えば気を取り直して、目の前の仕事に向き合うスイッチを入れることができた。目の前の仕事を夢中でやり続け、気付いたらこうなっていたというのが実感で、精いっぱい「今」を生きてきた。どうせ生きるなら楽しく生きたい。そのほうが喜びも大きいに決まっている。これまで歩んできたすべてが、「特別ではない私」なのである。

悩んでも迷っても道はひとつ

人生は年齢によって、親や大人たちの保護下にある時期、自分の生活を確立していく時期などその時々のテーマがあると思う。八〇歳を迎えてから私は老境に近い最終的な段階に入った。今まで覚えてきたことを周囲にフィードバックしていく人生後半期をマリで過ごし、この先は徐々にゼロに戻していく日々を生きるのが私の理想だ。ゼロで生まれてゼロに終わる。美しい生き様と思う。人生行路にはそういう道程が自然とあるのではないか。

アフリカへ単身旅立つ時は、「この先はない。これで一生を終えよう」と覚悟していた。五〇歳を目前に、ゼロへ向かっていく感覚を無意識に持っていたのかもしれない。だから、貯金を切り崩して私費を投じ、お金がなくても夢に向かって歩いてこられたと思う。マリで、経済的に失敗することがあっても、自分が立て替えることができる範囲ならばスタッフに事業を実施させた。

たいていのことは無駄に抗うこともなく、「あら、そうなの」と大雑把な性格で受け入れやってきた。紆余曲折あってもそれに逆らうことはしなかった。だから離婚しても、病気で大手術をしても、渦中にいる時はそれなりにショックだったが、「今」につながる過程と思えば大したハンディではなかった。もうここで終わりと思わず、次へ進む。その連続だったと思う。それは支援する地域も同じで、これ以上いたら弊害を及ぼすと思えばためらうことなく次へ移った。

その時々のひらめきにも似た直感で即決してきた。決断が早いことは私のいいところでもあると思っている。とにかく行動に移し、ぐずぐず考えたり後ろ髪を引かれたりする選択はしなかった。「ナントカナルサ」で良き人生になっている。「とにかく初心を貫いてやってみよう」という私のしつこい一面が推進力になることも多い。

自分が何もしないで生きるということが好きではなかった。何より自分が耐えられないのである。自分が思っているように生きたいと気持ちを奮い立たせてきた。失敗しても自分の責任だからと考え、思うように進んできた。

後悔も経験のうち、決して無駄ではないことはわかっている。ただ、自分がどれだけの人に迷惑をかけてきたかを振り返ると、感謝の気持ちは忘れないようにしている。

今強く思うことは、私が提言したこと、事業に必要なことを、疑いもなくマリの村の人たちが素直に受け止めてくれたからこそ、事業が順調に進み、思い切って実行することができたということだ。年功序列、男性優位の社会が当たり前だった村人たちにとって、青天の霹靂《へきれき》ともいえる変革の連続であったと思う。それでも、事業の成果を老若男女が共に受け入れたことで、村の女性の地位が上がり、生活向上が進んだのは事実である。男女が支え合い、お互いが理解してこその自立だったと思う。

できることなら、もっと多くの女性たちへ、野菜作りや適正技術の指導、識字学習、子どもを健康に育てることなどの支援を続けたい。この仕事は、これほどまでに楽しく夢のあることだと知ったからだ。私の支援事業はゼロから出発し、手探りで進めてきた。支援される側の人たちと立場は同じだ。アフリカの人と共に喜びを分かち合いたい。

私の楽天的な性格は、ち密に考える人ならば、シマッタ、と思うこともあろうが、「これがダメなら、あの方法は?」とその場主義的に対処してきた。順風満帆とは逆の、言わば禅語の逆風張帆《ちょうはん》。逆風に直面すれば、かえって勇気が奮い立つ。短絡的であるかもしれないが、悩んでも迷っても道はひとつと思って突き進んできたのである。

転機といえることがあっても、すべては流れの中の区切りのひとつであり、いつも流れに沿って生きてきたと思う。人を対象にしている仕事だから、反省を糧にして次に進むことはあったが、後ろを振り返ることより前を向いて生きるほうが自分は好きなのである。

年齢を重ねることに、不安を覚える日本人は少なくない。けれど時間に抗うことは誰にもできない。だから私は、過去から通じる「今」をこれから一年ずつ、喜びで満たしていきたいと思う。アフリカの人たちに自分の力を尽くし、ゼロへ向かって身軽になる喜びが楽しみで仕方がない。

人として生き、サンゲとなるまで、人生の道はまだ続く。

おわりに

支援活動をしながら、常に頭にあることがあった。まだ、マリで活動を始めて間もない頃、現地にボランティアとして手伝いに来てくれた友人の女性編集者との約束だ。「時期が来たら村上さんのマリでの活動を本にまとめよう」。その言葉に、「そうね」と、軽く返事をした。しかし内心、「マリの人たちのために行っていることで、日本人のための活動ではない。だから特に本を書いて日本人に知ってもらうことはないかな」との思いが強かった。個人的にも自分のことを広く多くの人に知ってもらうことが好きではなかった。

しかし、長年アフリカの人たちと親しく付き合っていると、日本で想像していたアフリカ人の姿とは違うことがわかった。また彼らの能力に気が付き、真摯な行動に感動し、今の日本人に見られない姿を感じることも多かった。村には学校はなく、就学経験がないために、村人の多くは文字を知らない。そんな状況でも、貧しい生活から抜け出すため、年々悪化する自然環境の中、力強く生き抜こうとしている。その姿を日本人に知ってもらいたい、いや、日本の人々もこの現実を知るべきではないか、と思う気持ちが強くなってきた。私は、二〇二三年で八十三歳になった。高齢者となった今だからかもしれないが、振り返ると、アフリカの人の心には、過去に自分が親に言われてきたことと共通した意識があり、親しみを感じてきた。それは、新しい物、便利な物をベストとするのでなく、最小限の物を上手に生かして暮らすという、無駄のない生き方だ。そして高齢者を敬う心もとても強い。このような彼らの日常生活を見て感じたことを日本の人たちに紹介することも私の役目ではないか、という思いになった。

三〇年にわたる支援活動を経て、彼ら自身の自立に向けた努力が実ってきている。それらの多くを紹介したい——そして、あの「これまでの活動を本にして残す」という約束を果たすに至った。

もう一度、人生を巻き戻すことができるとしても、私は迷いなくマリでの支援活動を選ぶ。素朴でおっとりした村人の人柄が私には心地よく、信頼できるからだ。ゆっくり流れる時間も、夜空に輝く南十字星の美しさも、恋しい思いでいっぱいである。

誰もがアフリカ人も日本人も同じ人間という意識はあると思う。けれども国の統治力や自然環境の違いから、事実、私も以前持っていたであろう一種の偏見が、気付かないうちに頭にインプットされているかもしれない。

　この本を通して、そのような偏見が消え、アフリカがちょっと遠いお隣さん、という意識になってもらえれば非常に嬉しい限りである。

　最後に、単身マリ共和国に渡って、フランス語も話せなかった私を支え助けてくれた多くのアフリカの仲間たち、日本から、声援を送り励ましてくれた多くの友人、カラの会員の方々、お世話になっている日本歯科大学の中原泉理事長をはじめ多くの同窓の先生方に、この場をお借りして深く感謝申し上げる。

二〇二四年二月　　　村上一枝

【著者プロフィール】

村上一枝（むらかみ かずえ）

任意団体カラ西アフリカ農村自立協力会代表、日本歯科大学名誉博士。1940年北海道生まれ、岩手県育ち。日本歯科大学東京校卒業後、勤務歯科医を経て新潟に小児歯科医院を開業。1989年開業医を辞し、単身ボランティアとして西アフリカのマリ共和国へ渡る。以後、支援活動を行う農村地域の村民と共に自立活動に従事。1993年カラ＝西アフリカ農村自立協力会を設立し、1998年代表に就任。2017年頃から続くマリ北部の内戦により滞在が危険な状況になり、やむなく現地を撤退。活動の限定・縮小により特定非営利活動法人を解散、2017年4月1日以後は任意団体として日本から支援活動を継続する。30年以上に及ぶマリ農村地域の生活向上と人材育成への尽力に対し、2020年ノーベル平和賞ノミネートほか受賞歴多数。

カラ西アフリカ農村自立協力会　http://ongcara.org/

【受賞歴】

1995年 2月 国際ソロプチミスト日本財団平成7年度「女性ボランティア賞」
1996年 9月 三基商事第4回「ミキ女性大賞」
2001年 3月 読売新聞社第29回「医療功労賞」
2002年 6月 長岡市米百俵財団第6回「米百俵賞」
2003年 2月 大山健康財団第29回「大山健康財団賞」
3月 倫理研修所第6回「地球倫理推進賞」
2006年 11月 社会貢献支援財団平成18年度「日本財団賞」
2013年 2月 毎日新聞社第2回「毎日地球未来賞」
6月 日本住宅協会「国際居住年記念賞」
11月 国際ソロプチミスト日本財団平成25年度「社会貢献賞」「千嘉代子賞」
2017年 6月 日本病院会・全日本病院協会・地域医療振興会・セルジーン第3回「山上の光賞」
2020年 2月 ノーベル平和賞候補に推薦され、ノーベル賞委員会に受諾される
2022年 6月 日本看護協会・ジョンソン・エンド・ジョンソン 日本法人グループ第18回「ヘルシー・ソサエティ賞」
11月 KYOTO地球環境の殿堂運営協議会第13回「KYOTO地球環境の殿堂」入り

村上一枝とマリ共和国支援活動の歩み　1986〜2023

マリへ単身渡って以来、民族抵抗運動や軍事クーデター等が繰り返される政情不安の中、
村上一枝とカラは厳しい生活を強いられる農村地域の人々に寄り添い、
生活向上のための自立支援活動を果敢に続けている

1986年（46歳）　初めてマリへ旅行（ガンビア〜セネガル〜コートジボワールとサハラ砂漠周遊）
首都バマコから地方観光へ向かい、途中でユニセフの医療活動車に遭遇
帰国後、医療支援を行うボランティアの道を探り、休日のたびにNGOを訪ね歩く

1988年（48歳）　日本のNGOにマリでのボランティア参加を1年かけて交渉
マリでのボランティア活動が決まり、単身マリへ渡る準備に入る

1989年（49歳）
8月31日　新潟で開業していた小児専門歯科医院を後輩へ委譲し、開業医を辞める
9月20日　日本出発、イギリス滞在後マリへ渡る
9月30日　首都バマコのセヌー国際空港に到着、以後マリに在住
10月以降　日本のNGOのマリ事務局へ入り活動が始まる
トンブクトゥへ出発、ティンアイシャ村でボランティア活動開始
砂漠化防止に向けた植林活動に参加（日本の農業技術者と共に11か月滞在）

1990年（50歳）　バマコへ戻る
11月　マリNGO「コマカン協会」に個人ボランティアとして内定

前準備のために活動地域マディィナ村へ単独行（10日間）

1991年（51歳）「コマカン協会」と2年間のボランティア契約を結ぶ

5月　マディィナへ入村、ボランティア活動を開始

村民家庭調査後、衛生環境改善、女性適正技術指導、識字学習普及や学校再開支援に携わる

1992年（52歳）

9月　日本で支援団体「マリ共和国保健医療を支援する会」（カラの前身）設立、現地代表に就任

初めてマラリアを発症

1993年（53歳）マディィナ村で母親を対象に病気予防と公衆衛生の知識普及を開始

「マディィナ村女性活動センター」を開設

4月　看護師と助産師育成を開始

9月　「マリ共和国保健医療を支援する会」を「カラ＝西アフリカ農村自立協力会」と改名

10月　日本外務省主催「第1回アフリカ開発会議」NGOフォーラム「立ち上がる女性たち」にパネリストとして参加

1994年（54歳）マディィナ村産院・診療所開設

「コマカン協会」との契約終了、バマコにカラの事務局兼宿舎を開設

「カラ＝西アフリカ農村自立協力会」がマリから外国籍NGOとして認証される

カラとして支援事業をスタート、対象地域はクリコロ県クーラ郡・ドゥンバ郡57村

バブグ村にカラのローカル事務所を開設、支援内容を決めるため村の家庭調査を実施

マラリア予防活動（有料投薬）を開始

女性専用野菜園を造成、「バブグ村女性野菜園自主管理委員会」を組織する

11月　日本外務省主催「アフリカ教育問題シンポジウム」にパネリストとして参加

1995年（55歳）腸内寄生虫駆除薬の投与をスタート

女性野菜園に隣接して植林造成地を開設

1998年（58歳）「カラ＝西アフリカ農村自立協力会」代表に就任
2000年（60歳）バブグ村の支援を終了
4月 クリコロ県シラコローラ郡・トゥグニ郡（30村）で支援事業開始、コニナ村にカラのローカル事務所兼宿舎を建設
トゥグニ郡のモバ村にローカル事務所を開設
2002年（62歳）カラが東京都から特定非営利活動法人として認証される
コニナ村とモバ村で「女性小規模貸付事業」を開始
11月 「エイズ知識普及事業」を開始
2003年（63歳）マリ国立民族舞踊団による東京公演を企画開催
文部科学省検定済教科書の高等学校外国語「109文英堂 英Ⅱ021 UNICORN ENGLISH COURSE Ⅱ」にカラの活動が掲載される
2008年（68歳）バマコに在マリ日本大使館が開設される
「健康普及員育成事業」を開始
2010年（70歳）私的に見守っていたマディナ村に中学校建設と小学校の増築を日本外務省のNGOへの資金援助にて行う
2011年（71歳）1年間の助産師研修を終えた村の女性が帰郷し、カラ第1号となるコニナ村産院を開設
「産院自主管理委員会」を組織する
2013年（73歳）在マリ日本大使館が一時閉鎖（1月23日〜9月17日まで）
北部武装勢力の伸張など政情が更に不安定になるが、カラはその状況でも活動を続ける
2014年（74歳）日本歯科大学名誉博士号を受ける
2015年（75歳）15年過ごしたコニナ村と周辺地域の支援を終了、カラがコニナ村を去る

バブグ村からの再要請で支援事業を再開
徐々に日本滞在を長くして、スタッフに任せる事業スタイルへシフト開始

2017年（77歳） バブグ村産院を開設、以降ドゥンバ郡4村に産院が開設され、トゥグニ郡との合計11村に産院を開設
イスラム過激派組織によるテロや襲撃が激化し渡航自粛勧告を受けたのを機に、現地スタッフを最小限の人数にしてやむを得ずマリから撤退する

4月1日 特定非営利活動法人としてのカラを解散、以後、任意団体「カラ西アフリカ農村自立協力会」として支援事業を継続（支援対象88村）

2018年（78歳） ドゥンバ郡で女児の就学率が男児を上回る
バブグ村とシラマンブグー村、ネゲタブグー村で「女性小規模貸付事業」を開始
かつての現地代表代行ジャワラ氏のふたりの息子ラミンとオマールがカラの業績を引き継ぎたいと申し出る
イスラム過激派組織によるテロや襲撃が多発し、現地スタッフが村から撤収

2019年（79歳） マリへ渡航するも安全上の理由により、カラが支援している活動地域に入れなくなる
東京2020オリンピック・パラリンピックの盛岡市ホストタウン事業推進アドバイザー兼マリ共和国柔道連盟公式代理人となる

2022年（82歳） 2020年と2021年にマリ国軍一部兵員による2度の武力政変が発生したのを受け、外務省による危険度がバマコ以外はレベル3（渡航中止勧告）からレベル4（退避勧告）へ引き上げられる

2023年（83歳） 支援地域から医療物資や食料支援の要請が届くが、支援トラックが公然と襲撃されることが予測されるため断念

6月 支援地域のブラジェ村がイスラム過激派組織に襲撃され、完成間近のブラジェ産院を破壊、村長など2名が殺害される
どんな要請にも応えられない状況により心配が絶えない日々が続くが、マリの人々が自ら再興する力を信じて、後方支援の資金集めに奔走

悩んでも迷っても道はひとつ

マリ共和国の女性たちと共に生きた自立活動三〇年の軌跡

2024年2月27日　　初版第1刷発行

著　者●村上一枝
発行人●川島雅史
発行所●株式会社 小学館
〒101-0081 東京都千代田区一ツ橋 2-3-1
電　話●編集03-3230-5585
●販売03-5281-3555
印刷・製本 ●株式会社シナノパブリッシングプレス
編　集●恩田裕子
編集協力 ●宇佐見靖子
D T P ●笠井良子（小学館CODEX）
校　閲●小学館出版クォリティーセンター
販　売●椎名靖子　　宣　伝●内山雄太

ISBN978-4-09-307020-1